电力系统与自动化控制

王耀斐　高长友　申红波　编著

吉林科学技术出版社

图书在版编目（CIP）数据

电力系统与自动化控制 / 王耀斐，高长友，申红波
编著．-- 长春：吉林科学技术出版社，2019.5
ISBN 978-7-5578-5487-4

Ⅰ．①电… Ⅱ．①王… ②高… ③申… Ⅲ．①电力系
统自动化－自动控制 Ⅳ．① TM763

中国版本图书馆 CIP 数据核字（2019）第 106158 号

电力系统与自动化控制

编　著	王耀斐　高长友　申红波
出 版 人	李　梁
责任编辑	端金香
封面设计	刘　华
制　版	王　朋
开　本	185mm×260mm
字　数	220 千字
印　张	10
版　次	2019 年 5 月第 1 版
印　次	2019 年 5 月第 1 次印刷
出　版	吉林科学技术出版社
发　行	吉林科学技术出版社
地　址	长春市福祉大路 5788 号出版集团 A 座
邮　编	130118

发行部电话 / 传真　0431—81629529　　81629530　　81629531
　　　　　　　　　　 81629532　　81629533　　81629534

储运部电话　0431—86059116

编辑部电话　0431—81629517

网　址	www.jlstp.net
印　刷	北京宝莲鸿图科技有限公司
书　号	ISBN 978-7-5578-5487-4
定　价	59.00 元

编委会

编　著

王耀斐　国网山东省电力公司济宁市任城区供电公司

高长友　泰安市建设工程施工图审查中心

申红波　国网河南省电力公司延津县供电公司

副主编

侯念国　国网山东省电力公司淄博供电公司

孙新宇　国网山东省电力公司茌平县供电公司

芦　佳　江阴兴澄特种钢铁有限公司

刘　博　国网铁岭供电公司

贾文强　国网山东省电力公司东营市垦利区供电公司

赵　钢　首钢京唐钢铁联合有限责任公司

高圣贵　国网山东省电力公司平原县供电公司

雒明哲　南水北调中线干线工程建设管理局河北分局

编　委

孟繁丽　国网北京市电力公司

常利涛　松原供电公司

冯子悦　国网河北省电力有限公司易县供电分公司

孙柏岩　内蒙古京宁热电有限责任公司

赖斌通　国网四川省电力公司广元供电公司

王　勇　国网吉林省电力有限公司图们市供电公司

塔　斯　内蒙古电力集团有限责任公司呼和浩特供电局

温子荣　广东电网有限责任公司清远英德供电局

姜召星　华能济宁高新区热电有限公司

前　言

　　电力系统是由发电、输电、变电、配电和用电等环节组成的电能生产与消费系统。它的功能是将自然界的一次能源通过发电动力装置转化成电能，再经输电、变电和配电将电能供应到各用户。为实现这一功能，电力系统在各个环节和不同层次还具有相应的信息与控制系统，对电能的生产过程进行测量、调节、控制、保护、通信和调度，以保证用户获得安全、经济、优质的电能。在当前人们生活质量和水平越来越高的状态下，对电力系统的要求也越来越高。其不仅要求电力系统能够满足人们的日常用电需求，而且要保证供电过程中的稳定性和安全性。在这种形势下，电力系统自身的运作就显得更加重要，其自身主要是负责电力从生产到应用的全过程，由发电厂、变电站、配电网以及电力用户构成一个大的整体。在实际发电过程中，发电厂的发电动力装置能够将自然界当中的一些能源，如煤炭、风力或者是水资源等等，都转换成电能，利用变电系统，将这些电能传输到人们的日常生活当中，从而满足人们对电力的基本需求。

　　自动化技术是一门综合性的技术，它与计算机技术、自动控制、控制论、电子学、信息论系统工程、液压气压技术等的关系都十分密切。电力系统自动化运用分层控制的方法，在控制所、变电站、调度所和发电厂之间形成组织分层，根据管辖功能的范围，进行调控和分担，从而实现电力系统的合理、可靠、安全运行。

　　本书系统介绍了电力系统的发电、输电、变电与配电系统，并系统阐述了安全控制、调度自动化、自动监测与控制、配电网自动化，为电力系统的自动化控制奠定了理论基础，为今后工作提供了理论指导教材，望广大读者品评与指摘。

目 录

第一章　电力系统与自动化综述

第一节　电力系统概述

一、电力系统的组成及其作用

电力系统是由发电厂、输电网、配电网和电力用户组成的整体，是将一次能源转换成电能并输送和分配到用户的一个统一系统。

发电厂将一次能源转换成电能，经过电网将电能输送和分配到电力用户的用电设备，从而完成电能从生产到使用的整个过程。电力系统还包括保证其安全可靠运行的继电保护装置、安全自动装置、调度自动化系统和电力通信等相应的辅助系统（一般称为二次系统）。输电网和配电网统称为电网，是电力系统的重要组成部分。电力网络是由变压器、电力线路等变换、输送、分配电能设备所组成的。动力系统是在电力系统的基础上，把发电厂的动力部分（如火力发电厂的锅炉、汽轮机和水力发电厂的水库、水轮机以及核动力发电厂的反应堆等）包含在内的系统。输电网是电力系统中最高电压等级的电网，是电力系统中的主要网络（简称"主网"），起电力系统骨架的作用，所以又称为"网架"。在一个现代电力系统中既有超高压交流输电，又有超高压直流输电。这种输电系统通常称为交、直流混合输电系统。

配电网是将电能从枢纽变电站直接分配到用户区或用户的电网，它的作用是将电力分配到配电变电站后再向用户供电，也有一部分电力不经配电变电站，直接分配到大用户，由大用户的配电装置进行配电。

在电力系统中，电网按电压等级的高低分层，按负荷密度的地域分区。不同容量的发电厂和用户应分别接入不同电压等级的电网。大容量主力电厂应接入主网，较大容量的电厂应接入较高压的电网，容量较小的可接入较低电压的电网。配电网应按地区划分，一个配电网担任分配一个地区的电力及向该地区供电的任务。因此，它不应当与邻近的地区配电网直接进行横向联系，若要联系应通过高一级电网发生横向联系。配电网之间通过输电网发生联系，不同电压等级电网的纵向联系通过输电网逐级降压形成，不同电压等级的电网要避免电磁环网。

电力系统之间通过输电线连接，形成互联电力系统。连接两个电力系统的输电线称为联络线。

二、电力系统的负荷

电力系统中所有用电设备消耗的功率称为电力系统的负荷。其中把电能转换为其他能量形式（如机械能、光能、热能等），并在用电设备中真实消耗掉的功率称为有功负荷。电动机带动风机、水泵、机床和轧钢设备等机械，完成电能转为机械能还要消耗无功。例如，异步电动机要带动机械，需要在其定子中产生磁场，通过电磁感应在其转子中感应出电流，使转子转动，从而带动机械运转。这种为产生磁场所消耗的功率称为无功功率。变压器要变换电压，也需要在其一次绕组中产生磁场，才能在二次绕组中感应出电压，同样要消耗无功功率。因此，没有无功，电动机就转不动，变压器也不能转换电压。无功功率和有功功率同样重要，只是因为无功完成的是电磁能量的相互转换，不直接作功，才称为"无功"的。电力系统负荷包括有功功率和无功功率，其全部功率称为视在功率，等于电压和电流的乘积（单位千伏安）。有功功率与视在功率的比值称为功率因数。电动机在额定负荷下功率因数为 0.8 左右，负荷越小，其值越低；普通白炽灯和电热炉，不消耗无功，功率因数等于 1.0。

三、电力系统电压等级与变电站种类

（一）电力系统电压等级

电力系统电压等级有 220/380V（0.4kV）、3kV、6kV、10kV、20kV、35kV、66kV、110kV、220kV、330kV、500kV。随着电机制造工艺的提高，10kV 电动机已批量生产，所以 3kV、6kV 已较少使用，20kV、66kV 也很少使用。供电系统以 10kV、35kV 为主，输配电系统以 110kV 以上为主。发电厂发电机有 6kV 与 10kV 两种，现在以 10kV 为主，用户均为 220/380V（0.4kV）低压系统。

根据《城市电力网规定设计规则》的规定：输电网为 500kV、330kV、220kV、110kV，高压配电网为 110kV、66kV，中压配电网为 20kV、10kV、6kV，低压配电网为 0.4kV（220/380V）。

发电厂发出 6kV 或 10kV 电，除发电厂自己用（厂用电）之外，也可以用

10kV 电压送给发电厂附近用户，10kV 供电范围为 10km、35kV 为 20~50km、66kV 为 30~100km、110kV 为 50~150km、220kV 为 100~300km、330kV 为 200~600km、500kV 为 150~850km。

（二）变配电站种类

电力系统各种电压等级均通过电力变压器来转换，电压升高为升压变压器（变电站为升压站），电压降低为降压变压器（变电站为降压站）。一种电压变为另一种电压选用两个线圈（绕组）的双圈变压器，一种电压变为两种电压选用三个线圈（绕组）的三圈变压器。

变电站除有升压与降压之分外，还以规模大小分为枢纽站、区域站与终端站。枢纽站电压等级一般为三个（三圈变压器），550kV/220kV/110kV。区域站一般也有三个电压等级（三圈变压器），220kV/110kV/35kV 或 110kV/35kV、10kV。终端站一般直接接到用户，大多数为两个电压等级（两圈变压器），110kV/10kV 或 35kV/10kV。用户本身的变电站一般只有两个电压等级（双圈变压器），110kV/10kV、35kV/0.4kV、10kV/0.4kV，其中以 10kV/0.4kV 为最多。

四、电力系统互联

电力系统互联可以获得显著的技术经济效益，它的主要作用和优越性有以下几个方面。

（一）更经济合理开发一次能源，实现水、火电资源优势互补

各地区的能源资源分布不尽相同，能源资源和负荷分布也不尽平衡。电力系统互联，可以在煤炭丰富的矿口建设大型火电厂，向能源缺乏的地区送电；也可以建设具有调节能力的大型水电厂，以充分利用水力资源。这样既可解决能源和负荷分布的不平衡性，又可充分发挥水电和火电在电力系统运行的特点。

（二）降低系统总的负荷峰值，减少总的装机容量

由于各电力系统的用电构成和负荷特性、电力消费习惯性的不同，以及地区间存在着时间差和季节差，因此，各个系统的年和日负荷曲线不同，出现高峰负荷不在同时发生。而整个互联系统的日最高负荷和季节最高负荷不是各个系统高峰负荷的线性相加，结果使整个系统的最高负荷比各系统的最高负荷之和要低，峰谷差也要减少。电力系统互联有显著的错峰效益，可减少各系统的总装机容量。

（三）减少备用容量

各发电厂的机组可以按地区轮流检修，错开检修时间。通过电力系统互联，各个电网相互支援，可减少检修备用。各电力系统发生故障或事故时，电力系统之间可以通过联络线互相紧急支援，避免大的停电事故。这样既可提高各系统的安全可靠性，又可减少事故备用。总之，可减少整个系统的备用容量和各系统装机容量。

（四）提高供电可靠性

由于系统容量加大，个别环节故障对系统的影响较小，而多个环节同时发生故障的概率相对较小，因此能提高供电可靠性。但是，个别环节发生故障，如果不及时消除，就有可能扩大，波及相邻的系统，严重情况下会导致大面积停电。因此，互联电力系统要形成合理的网架结构，提高电力系统的自动化水平，以保证电力系统互联高可靠性的实现。

（五）提高电能质量

电力系统负荷波动会引起频率变化。由于电力系统容量增大、供电范围扩大，总的负

荷波动比各地区的负荷波动之和要小，因此，引起系统频率的变化也相对要小。同样，冲击负荷引起的频率变化也要减小。

（六）提高运行的经济性

各个电力系统的供电成本不相同，在资源丰富地区建设发电厂，其发电成本较低。实现互联电力系统的经济调度，可获得补充的经济效益。

电力系统互联，由于联系增强也带来了新问题。比如，故障会波及相邻系统，如果处理不当，严重情况下会导致大面积停电；系统短路容量可能增加，导致要增加断路器等设备容量；需要进行联络线功率控制等。这些都要求研究和采取相应的技术措施，提高自动化水平，只有这样才能充分发挥互联电力系统的作用和优越性。

由于发展电力系统互联能带来显著的效益，相邻地区甚至相邻国家电力系统互联是电力工业发展的一个趋势。比如，日本的9个电力系统形成了互联电力系统；美国形成了全国互联电力系统，并且与加拿大电网连接；西欧各国除各自形成全国电力系统外，互联形成了西欧的国际互联电力系统，并正在通过直流背靠背与东欧国家电力系统相连。埃及能源部长在1994年巴黎国际大电网年会开幕式上提出了非洲、欧洲和阿拉伯地区实现跨洲联网的设想，得到了与会者的重视。我国已形成东北、华北、华东、华中、西北和南方联营等六大跨省（区）电力系统，其中华东和华中电网通过葛—上 ±500kV 直流输电线实现了跨大区电网的互联。世界最大的水电站——三峡水电站将安装 26 台 70 万 kW 机组，已于 1994 年 12 月开工建设，2009 年将建成发电，其强大的电力将送往华东、华中和四川电网。它的建成发电将推动全国跨大区电网的互联。

五、电力系统运行与控制

（一）电力系统的运行状态

电力系统是由发电机、变压器、输配电线路和用电设备按一定方式连接组成的整体。其运行特点是发电、输电、配电和用电同时完成。因此，为了向用户连续提供质量合格的电能，电力系统各发电机发出的有功和无功功率应随时与随机变化的电力系统负荷消耗的有功功率和无功功率（包括系统损耗）相等；同时，发电机发出的有功功率和无功功率、线路上的功率潮流（视在功率）和系统各级电压应在安全运行的允许范围之内。要保证电力系统的这种正常运行状态，必须满足两点基本要求：

（1）电力系统中所有电气设备处于正常状态，能满足各种工况的需要。

（2）电力系统中所有发电机以同一频率保持同步运行。现代电力系统的特点是大机组、高电压、大电网、交直流远距离输电、电网互联，因而其结构复杂，覆盖不同环境的辽阔地域。这样，在实际运行中，自然灾害的作用、设备缺陷和人为因素都会造成设备故障和运行条件发生变化，因而电力系统还会出现其他非正常运行的状态。

电力系统的运行状态可分为三种：正常状态、紧急状态（事故状态）和恢复状态（事故后状态）。

1.正常状态

在正常运行状态下，电力系统中总的有功和无功功率出力能和负荷总的有功和无功功率的需求达到平衡；电力系统的各母线电压和频率均在正常运行的允许偏差范围内；各电源设备和输配电设备均在规定的限额内运行；电力系统有足够的旋转备用和紧急备用以及必要的调节手段，使系统能承受正常的干扰（如无故障开断一台发电机或一条线路），而不会产生系统中各设备的过载，或电压和频率偏差超出允许范围。

在正常运行状态下，电力系统对不大的负荷变化能通过调节手段，可从一个正常运行状态连续变化到另一个正常运行状态。在正常运行状态下，还能在保证安全运行条件下，实现电力系统的经济运行。

2.紧急状态

电力系统遭受严重的故障（或事故），其正常运行状态将被破坏，进入紧急状况（事故状态）。

电力系统的严重故障主要有：

（1）线路、母线、变压器和发电机短路。短路有单相接地、两相和三相短路。

短路又分瞬间短路和永久性短路。在实际运行中，单相短路出现的可能性比三相短路多，而三相短路对电力系统的影响最严重。当然尤其严重的是三相永久性短路，这是极其稀少的。在雷击等情况下，有可能在电力系统中若干点同时发生短路，形成多重故障。

（2）突然跳开大容量发电机或大的负荷引起电力系统的有功功率和无功功率严重不平衡。

（3）发电机失步，即不能保持同步运行。

电力系统出现紧急状态将危及其安全运行，主要事故有以下几个方面：

（1）频率下降。在紧急状态下，发电机和负荷间的功率严重不平衡，会引起电力系统频率突然大幅度下降，如不采取措施，使频率迅速恢复，将使整个电厂解列，其恶性循环将会产生频率崩溃，导致全电力系统瓦解。

（2）电压下降。在紧急状态下，无功电源可能被突然切除，引起电压大幅度下降，甚至发生电压崩溃现象。这时，电力系统中大量电动机停止转动，大量发电机甩掉负荷，导致电力系统解列，甚至使电力系统的一部分或全部瓦解。

（3）线路和变压器过负荷。在紧急状态下，线路过负荷，如不采取相应的技术措施，会连锁反应，出现新的故障，导致电力系统运行进一步恶化。

（4）出现稳定问题。在紧急状态下，如不及时采取相应的控制措施或措施不够有效，则电力系统将失去稳定。所谓电力系统稳定，就是要求保持电力系统中所有同步发电机并列同步运行。电力系统失去稳定就是各发电机不再以同一频率、保持固定功角运行，电压和功率大幅度来回摇动。电力系统稳定的破坏会对电力系统的安全运行产生严重后果，可能导致全系统崩溃，造成大面积停电事故。

20 世纪 60 年代以来，国际上出现过多次大面积停电事故。例如，1977 年 7 月 13 日，美国纽约电力系统由于遭受雷击、保护装置不正确动作、调度中心掌握信息不足以及通信困难等原因，造成事故的连锁发展和扩大，致使全系统瓦解。事故前后延续 25h，影响 900 万居民供电，直接和间接经济损失达 3.5 亿美元。

电力系统进入紧急状态后，应及时依靠继电保护和安全自动装置有选择地快速切除故障，采取提高安全稳定性措施，避免发生连锁性的故障，导致事故扩大和系统的瓦解。

3. 恢复状态

在紧急状态后，借助继电保护和自动装置或人工干预，使故障隔离，事故不扩大，电力系统大体可以稳定下来。这时，部分发电机或线路（变压器）仍处于断开状态，部分用户仍然停电，严重情况下电力系统可能被分解成几个独立部分，电力系统进入恢复状态。这时，要采取一系列操作，采取各种恢复出力和送电能力的措施，尽快恢复对用户的供电，使系统恢复到正常状态。

（二）电力系统稳定性和提高稳定的基本措施

1. 电力系统稳定性

电力系统稳定性可分为静态稳定、暂态稳定和动态稳定。

（1）电力系统静态稳定是指电力系统受到小干扰后，不发生非周期性的失步，自动恢复到起始运行状态的能力。

（2）电力系统暂态稳定指的是电力系统受到大干扰后，各发电机保持同步运行并过渡到新的或恢复到原来稳定运行状态的能力，通常指第一或第二摆不失步。

（3）电力系统动态稳定是指系统受到干扰后，不发生振幅不断增大的振荡而失步。

远距离输电线路的输电能力受这三种稳定能力的限制，有一个极限。它既不能等于或超过静态稳定极限，也不能超过暂态稳定极限和动态稳定极限。在我国，由于网架结构薄弱，暂态稳定问题较突出，因而线路输送能力相对国外来说要小一些。

2. 提高系统稳定的基本措施

提高系统稳定的措施可以分为两大类：一类是加强网架结构；另一类是提高系统稳定的控制和采用保护装置。

（1）加强电网网架，提高系统稳定性。线路输送功率能力与线路两端电压之积成正比，而与线路阻抗成反比。减少线路电抗和维持电压，可提高系统稳定性。增加输电线回路数、采用紧凑型线路都可减少线路阻抗，前者造价较高。在线路上装设串联电容是一种有效地减少线路阻抗的方法，比增加线路回路数要经济。串联电容的容抗占线路电抗的百分数称为补偿度，一般在 50% 左右，过高将容易引起次同步振荡。在长线路中间装设静止无功补偿装置（SVC），能有效地保持线路中间电压水平（相当于长线路变成两段短线路），并快速调整系统无功，是提高系统稳定性的重要手段。

（2）电力系统稳定控制和保护装置。提高电力系统稳定性的控制可包括两个方面：

第一，失去稳定前，采取措施提高系统的稳定性；第二，失去稳定后，采取措施重新恢复新的稳定运行。下面介绍几种主要的稳定控制措施：

①发电机励磁系统及控制。发电机励磁系统是电力系统正常运行必不可少的重要设备；同时，在故障状态下能快速调节发电机机端电压，促进电压、电磁功率摆动的快速平息。因此，充分发挥其改善系统稳定的潜力是提高系统稳定性最经济的措施，在国外得到了普遍重视。常规励磁系统采用 PID 调节并附加电力系统稳定器（PSS），既可提高静态稳定又可阻尼低频振荡，提高动态稳定性。目前国外较多的是采用快速高顶值可控硅励磁系统，配以高放大倍数调节器和 PSS 装置。这样可同时提高静态、暂态和动态三种稳定性。

②电气制动及其控制装置。在系统发生故障的瞬间，送端发电机输出电磁功率下降，而原动机功率不变，产生过剩功率，使发电机与系统间的功角加大，如不采取措施，发电机将失步。在短路瞬间投入与发电机并联的制动电阻，吸收剩余功率（电气制动），是一种有效的提高暂态稳定的措施。

③快关汽门及其控制。在系统发生故障时，另一项减少功率不平衡的措施是快关汽门，以减少发电机的输入功率。用控制汽轮机的中间阀门实现快关汽门可有效提高暂态稳定性。但是，它的实现要解决比较复杂的技术问题，是否采用快关措施要进行研究和比较。

此外还有在送端切机，同时在受端切负荷来提高整个系统的稳定性，以保证绝大多数用户的连续供电。

④继电保护及重合闸装置。它是提高电力系统暂态稳定的重要的有效措施之一。对继电保护的要求是：无故障时保护装置不误动，发生故障时可靠动作。它的正确选择、快速切除故障可使电力系统尽快恢复正常运行状态。高压线路上发生的大多数故障是瞬时性短路故障。继电保护装置动作，跳断路器，断开线路，使线路处于无电压状态，电弧就能自动熄灭。在绝缘恢复后，重新将断开的线路投入，恢复供电。这种自动重合断路器的措施称为自动重合闸。它可分为单相重合闸和三相重合闸，是一项显著提高暂态稳定性的措施。

（三）电力系统安全控制

电力系统安全控制的目的是采取各种措施使系统尽可能地运行在正常运行状态。

在正常运行状态下，通过制订运行计划和运用计算机监控系统（SCADA 或 EMS），实时进行电力系统运行信息的收集和处理，在线安全监视和安全分析等，使系统处于最优的正常运行状态。同时，在正常运行时，确定各项预防性控制，以对可能出现的紧急状态提高处理能力。这些控制内容包括：调整发电机出力、切换网络和负荷、调整潮流、改变保护整定值、切换变压器分接头等。

当电力系统一旦出现故障进入紧急状态后，则靠紧急控制来处理。这些控制措施包括继电保护装置正确快速动作和各种稳定控制装置，通过紧急控制将系统恢复到正常状态或事故后状态。当系统处于事故后状态时，还需要用恢复控制手段，使其重新进入正常运行状态。

各类安全控制可按其功能分为：

（1）提高系统稳定的措施有快速励磁、电力系统稳定器（PSS）、电气制动、快关汽机和切机、串联补偿、静止无功补偿（SVC）、超导电磁蓄能和直流调制等。

（2）维持系统频率的措施有低频减负荷、低频降电压、低频自起动、抽水蓄能机组低频抽水改发电、低频发电机解列、高频切机、高频减出力等。

（3）预防线路过负荷的措施有过负荷切电源、过负荷切负荷等。

电力系统安全控制的发展趋势将是计算机分层控制、控制装置微处理机化和智能化、发展电力系统综合自恢复控制。

第二节 电力系统自动化

一、自动化与电力系统

自动化是指用特定的仪器、设备对生产过程等进行调节和控制，以代替人工直接操作控制。自动化可以有效地提高生产过程、工作流程的效率和改善生产工作人员的劳动条件。典型的自动化控制系统应该包括控制对象、自动控制装置以及它们之间的监测和控制信息通道。

为适应电力系统的特点和满足其基本要求，对电力系统自动化提出了很高的要求，机载电力系统中，用各种具有自动检测、信息处理和传输、自动操作和控制功能的装置对电力系统中的设备、子系统和全系统进行就地或远方的自动监测、调节和控制，从而保证电力系统正常运行。在电力系统发生事故时，应迅速切除故障防止事故扩大，尽快恢复系统正常运行，保证供电可靠性。

二、自动化系统的特点

（一）功能综合化

微机监控系统综合了原来的仪表屏、操作屏、模拟屏和变送器柜、远动装置、中央信号系统等；微机保护系统代替了电磁式和晶体管式的保护装置等。

（二）分级分布式微机化的系统结构

综合自动化系统内各子系统和各功能模块由不同配置的微机计算机组成，采用分布式结构，通过网络总线将微机保护、数据采集、控制等各子系统连接起来，构成一个分级分布的系统。

（三）测量显示数字化

采用微机监控系统后，改变了原来的测量手段，常规指针式仪表被 CRT 显示器上的数字代替，直观、明了。抄表记录由打印机打印，不仅减轻了工作人员的劳动强度，而且提高了测量的精确度。

（四）操作监视屏幕化

变电所实现综合自动化后，可以监视全所的实时运行情况和对各个开关设备进行操作控制。比如，庞大的模拟屏被实时主接线画面所取代，断路器的跳、合闸操作被鼠标操作代替，光字牌报警信号被屏幕画面闪烁和语言报警代替等。

（五）运行管理智能化

智能化不仅能实现自动化的功能，还能实现故障分析和故障恢复操作智能化，实现自动系统本身的故障自诊断、自闭锁和自动恢复等功能。

三、电力系统自动化的基本内容

（一）信息就地处理自动化

其特点是能对电力系统的情况做出快速反应，如高压输电线路上发生短路故障时，要求继电保护瞬时动作快速切除故障；在电力系统正常运行时，同步发电机的励磁自动控制系统可以保证系统的电压质量和无功出力的分配；在故障时，可以提高系统的稳定水平。有功功率自动调节装置能跟踪系统的负荷波动，保证电能的频率质量按频率自动减负荷装置能在系统故障情况、电力系统出现严重的有功缺额时，快速地切除一些次要负荷，以免造成系统的频率崩溃。

（二）电力系统调度自动化

可以通过设置在各个发电厂和变电站的远动终端采集电网运行的实时信息，通过信道传输到主站，主站根据全网的信息对电网的运行状态进行分析、负荷预测以及自动发电控制等。当系统发生故障时，继电保护切除故障线路后，调度自动化系统可将继电保护的状态采集后送到调度员的监视屏幕上。调度员根据这些信息可以掌握故障情况和原因，并采取相应的措施，使电网恢复正常供电。电力系统调度自动化可概述为遥测、遥信、遥控、遥调、遥视"五遥"功能。

（三）电厂动力机械自动控制

对各类发电厂的动力机械运行实现自动控制是现代电力系统的必然要求。火力发电厂的动力机械主要是为锅炉汽轮机等热力设备的热工过程服务的，其自动化控制系统主要包括锅炉自动控制系统、汽轮机自动控制系统、辅助设备自动控制系统、计算机监视系统等。

（四）电站自动化

常规变电所将大量现场一次设备同安装在控制室内的单项自动化装置之间用大量电缆

——对应地连接起来。其设备复杂，占地面积大，功能分立。随着大规模集成电路、现代信号处理技术和计算机监控技术的发展，取消了传统的集中控制屏，二次回路极为简洁，控制电缆大量减少，构成一个统一的计算机系统来完成变电站自动化功能。该系统包括远方监视与控制、远动和继电保护、测量和故障记录、运行参数自动打印等，可以实现无人值班运行。其具有功能综合化、结构微机化、操作监视屏幕化、运行管理智能化等特征。

四、电力系统的自动控制装置

（一）输电线路的自动重合闸

在电力系统中，输电线路最容易发生故障。据运行经验，故障大多是瞬时性故障，约占故障总数的80%。为了提高供电可靠性，线路因故障断开后再进行一次重合闸，这种将被切除的故障线路重新投入的自动装置叫作自动重合闸装置。

（二）自动重合闸装置的作用

1. 提高输电线路的供电可靠性，减少由于瞬时故障造成的停电损失。

2. 对于双端电源供电的高压输电线路，可以提高系统并列运行的稳定性，从而提高输送容量。

3. 可以纠正由于断路器本身机构不良或继电保护误动作而引起的误跳闸。

4. 规程规定"1kV以上架空线路和电缆混合线路，在具有断路器时应装设自动重合闸装置"。

（三）自动重合闸的分类

1. 按作用于断路器的方式：三相重合闸、单相重合闸、综合重合闸；

2. 按运用的线路结构：单侧电源重合闸、双侧电源重合闸（快速自动重合闸、非同期自动重合闸、检定同期和检定无压自动重合闸等）。

（四）单侧电源线路的三相自动重合闸

单侧电源线路只有一侧电源供电，无须考虑同期问题，重合闸装置装于线路送电侧。我国电力系统广泛采用三相一次自动重合闸。所谓三相一次自动重合闸是指不论在输电线路上发生任何短路故障，继电保护装置都应将线路三相断路器一起跳开，然后启动重合闸装置，将三相断路器重新合上；若故障为瞬时性的则重合成功；若故障为永久性的，继电保护会再次将三相断路器跳开不再进行重合。

（五）双侧电源线路的三相自动重合闸

1. 三相快速自动重合闸

（1）当输电线路上发生故障时，继电保护能迅速地使线路两侧的断路器跳开，并随即进行重合。

（2）采用三相快速自动重合闸时要具备一定的条件：线路两侧装有全线速动保护，线路两侧具有快速动作的断路器，断路器重合闸瞬间产生的冲击电流不超过电气设备的允许值。

（3）应用在220kV及以上的输电线路，有利于提高系统并列运行的稳定性和供电的可靠性。

2. 三相非同期自动重合闸

（1）当输电线路上发生故障时，继电保护使线路两侧的断路器跳开后，不管两侧电源是否同步就进行自动重合。

（2）不按顺序投入线路两侧的断路器的三相非同期自动重合闸，其接线简单，不需要装入线路电压互感器，系统恢复并列运行的速度快。但是在线路上发生永久性故障时，两侧断路器均重合一次，对系统造成的冲击大。按顺序投入线路两侧的断路器的三相非同期自动重合闸，先重合侧采用单侧电源线路的自动重合闸接线，后重合侧采用检定线路上有电压的自动重合闸接线，线路上发生任何故障时，继电保护跳开线路两侧的断路器后，先重合侧重合该侧的断路器。若为瞬时性故障，重合闸成功，线路上有电压，后重合侧检测到线路上有电压后进行重合。若为永久性故障，先重合侧重合后，继电保护加速动作切除故障后不再进行重合；后重合侧检测到线路上没有电压不再进行重合，以此减小对系统的冲击。

（3）在110kV及以上的输电线路上，采用不按顺序投入三相非同期自动重合闸。

3. 检定同期和检定无压三相自动重合闸

工作原理：当输电线路上发生故障时，继电保护动作跳开两侧的断路器，线

路失去电压，两侧的同步继电器不动作，其触点打开。这时检定线路上无压的低电压继电器动作其触点闭合，启动重合闸，经过预定的时间，检定无压侧的断路器重新合上。当线路上发生永久性故障时，加速保护装置动作加速跳开该侧的断路器不再重合。检定同期侧检定线路上无压，只有母线侧有电压，同步侧的同步继电器不动作，不能启动自动重合闸。如果线路上发生瞬时性故障，检定无压侧重合成功，检定同期侧既加入母线电压又加入线路电压，开始检测两侧的电压差、频率差、相角差是否满足同期条件。若满足同期条件，同步继电器的触点闭合，启动检定同期侧的自动重合闸装置，重新合上检定同期侧的断路器，线路恢复正常供电。

（六）自动重合闸与继电保护的配合

1. 自动重合闸前加速保护

一般应用于具有几段串联的辐射形线路中，自动合闸装置仅装在靠近电源的一段线路上。

（1）定义：线路上发生故障时，不论故障点在哪，前加速保护无选择地瞬时跳开电

源侧的断路器，然后启动重合闸装置，将该断路器重新合上并将前加速保护闭锁。若故障为瞬时性的，则重合成功；若故障为永久性的，则依靠故障点所在线路的保护，有选择地将永久性故障切除。

（2）优点：能快速切除瞬时性故障，而且设备少只需要一套 ARC 装置，接线简单容易实现。缺点：切除永久性故障的时间长，装有 ARC 装置的断路器的动作次数较多。

（3）适用范围：35kV 及以下的发电厂、变电所引出的直配线上。

2. 自动重合闸后加速保护

必须在各线路上装设有选择的保护和自动重合闸装置。

（1）定义：当任一线路上发生故障时，首先由故障线路的保护有选择地将故障切除，然后启动故障线路的自动重合闸装置，若故障为瞬时性的，则重合成功；若故障为永久性的，则后加速保护无选择地瞬时跳开故障线路的断路器。

（2）优点：第一次保护装置动作跳闸是有选择性的，不会使停电范围扩大；其再次断开永久性故障的时间加快，有利于系统运行的稳定性。缺点：第一次切除故障可能带有延时，从而影响自动重合闸装置的动作效果。

（3）适用范围：35kV 及以上的电网中，应用范围不受电网结构的限制。

3. 自动重合闸的三种形式及停用方式

（1）单相重合闸：线路上发生单相故障时只跳开故障相，然后进行单相重合；当重合到永久性故障，系统又不允许非全相运行时，保护再次动作跳开三相不再进行重合。当线路上发生相间故障时，保护动作跳开三相后不再进行重合。

（2）三相重合闸：不管线路上发生任何形式的故障，跳开三相断路器实行三相自动重合闸；当重合到永久性故障时，断开三相不再进行重合。

（3）综合重合闸：线路上发生单相故障时只跳开故障相，然后进行单相重合；当重合到永久性故障，系统又不允许非全相运行时，保护再次动作跳开三相不再进行重合。当线路上发生相间故障时，保护动作跳开三相断路器，实行三相自动重合；当重合到永久性故障，保护动作跳开三相后不再进行重合。

（4）停用方式：不管线路上发生任何形式的故障，保护动作跳开三相断路器，不再进行重合。

五、备用电源自动投入装置

（一）定义

当工作电源因故障断开以后，能自动而迅速地将备用电源投入到工作中，或将用户切换到备用电源上去，从而使用户不至于被停电的一种自动装置，简称备自投。

（二）分类

1. 明备用：备用电源在正常情况下不运行，处于停电备用状态；只有工作电源故障被切除时才投入。

2. 暗备用：两个电源正常时都为工作电源，各带一部分负荷，均留有一定的备用容量；当一个电源故障时，备自投动作将故障电源切除，另一个电源带全部的负荷。

（三）作用

提高供电可靠性，节省建设投资；简化继电保护；限制短路电流，提高母线残余电压。

（四）工作原理

工作电源或设备故障时断路器跳闸，装置检测到工作电源消失，工作电源断路器在跳闸位置，备用电源电压正常，且备用电源继电保护未动作，此时备自投动作将备用电源或设备投入。若投到故障系统上，备自投继电保护动作将备用电源或设备退出，而且只动作一次。待故障处理完毕后，解除备自投的闭锁，准备下一次的动作。

（五）按频率自动减负荷装置

1. 定义

当电力系统频率降低时，根据系统频率下降的不同程度，自动断开相应的负荷，阻止频率的降低，并使系统频率恢复到给定的数值，从而保证电力系统的安全稳定运行和重要用户不间断供电的一种自动装置。

2. 对按频率自动减负荷装置的基本要求

（1）按频率自动减负荷装置动作后，系统频率应恢复到恢复频率范围内。由于系统故障时功率缺额较大，考虑装置本身的误差，要求系统频率恢复到规定频率范围内即可，一般要求恢复频率低于系统的额定频率（我国电力系统规定恢复值不低于 49.5Hz）。

（2）应该有足够的负荷接于按频率自动减负荷装置上，当系统出现严重的有功缺额时，按频率自动减负荷装置能够充分发挥作用，使系统频率恢复到给定的数值。

（3）按频率自动减负荷装置应能根据系统频率下降的不同程度分级切除负荷，采用逐步逼近的方式。也就是说，当频率下降到一定值时，按频率自动减负荷装置的相应级动作切除一定量的负荷。如果不能阻止频率的下降，下一级动作再切除一定量的负荷，直到频率不再下降为止。分级切除时，首先切除不重要的负荷，必要时再切除部分重要负荷。

（4）按频率自动减负荷装置动作频率、动作时间应符合要求。

（5）按频率自动减负荷装置应该设置附加级。按频率自动减负荷装置在动作过程中，可能会出现系统频率长时间低于恢复频率运行，为了消除这一现象，应该设置较长延时的附加级，动作频率取恢复频率下限，附加级动作后，足以使系统频率恢复到恢复频率范围内。

（六）发电机的自动并列装置

1. 发电机自动并列操作

为满足电能的质量和系统安全稳定运行的要求把一台待投入运行的空载发电机经过必要的调节，在满足同期并列条件下经开关操作与系统并列的操作过程成为并列操作。

2. 同步发电机并列操作的方法

（1）准同步并列：待并发电机转子的转速达到额定转速后，给发电机加励磁，待发电机建立起电压，调整发电机电压和频率，在接近同步条件时合上并列断路器，将发电机并入电网。

（2）自同步并列：待并发电机转子的转速达到额定转速后，合上并列断路器，将发电机并入电网；立即给发电机加励磁，由系统将发电机拉入同步。

3. 同步发电机准同步并列的条件

（1）待并发电机电压和系统电压接近相等，其电压差不超过额定值的 5%~10%；

（2）待并发电机电压和系统电压并列瞬间相角差接近相等，并列瞬间相角差不超过 10°；

（3）待并发电机频率和系统频率接近相等，其频率差不超过额定值的 0.2%~0.5%。

（七）数字式自动准同步并列装置

该装置是用大规模集成电路微处理器（CPU）等器件构成的数字式自动准同步并列装置，其具有硬件简单、编程方式灵活、运行可靠等特点。CPU 具有高速运算和逻辑盘点能力，它的指令周期以毫秒计算，发电机可以有足够充裕的时间进行相角差和频角差近乎瞬时值计算，并按照频率差值、电压差值的大小和方向确定相应的调节量，对机组进行调节，以满足最佳并列效果。考虑到相角的加速问题，数字式自动准同步并列装置能按照相角的变化规律选择最佳导前时间发出合闸脉冲，缩短并列操作的过程，提高运行的可靠性。

1. 同步条件检测

（1）电压检测

交流电压变送器把交流电压转换为直流电压，CPU 从 A/D 转换器接口读取系统和发电机电压量的有效值，当系统和发电机电压量的有效值超过允许电压偏值时，不允许发出合闸信号。当系统电压高于发电机电压时，并行口输出升压信号，输出调节信号的宽度与其差值成比例；反之，输出降压信号。

（2）频率检测

把交流电压正弦信号转换为方波，经过二分频后，利用正半波高电平作为可编程计数器开始计数的信号，其下降沿开始计数，由 CPU 读取其中计数值 N，并使计数器复位，为下一个周期计数做好准备。交流电压计数器的及时脉冲频率 F_c，则交流电压的频率 $f=F_c/N$。发电机电压和系统电压分别由可编程定时计数器计数，主机读取 N_G、N_S，求得 f_G、f_S。当 f_G、f_S 差值超过频率允许差值，不允许输出合闸信号，同时发调频脉冲，按发电机频率高于或低于系统频率来输出增速或减速信号。

（3）导前时间检测

将发电机电压和系统电压转换为相同周期的方波电压，通过对矩形波进行过零点检测，获得带并列发电机和系统的频率，从而求出频差和角频差，在随机存储器中保留一个这些时段的值，通过计算已知时段的时间差和角频差得到频差对时间的二阶导数，计算出理想导前时间（发出合闸脉冲到断路器主触头闭合的时间），本计算点的相角差在允许范围内时发出合闸脉冲。

2. 微机自动准同步装置将发电机并网的过程

装置接入后开始工作，首先进行装置主要部件自检，如果出错将会显示出错信息，启动报警；如果各部件正常，则检测出开关的状态，检测为工作状态；如果检测到一个特定的并列点同步开关信号，则装置进入同步工作状态；如果无并列点的选择信号或选择信号多于一个，则显示出错误信息并报警。进入同步工作状态后，如果检测到发电机侧和系统侧电压互感器二次侧电压低于低电压闭锁值，装置报警，并停止执行并网程序。如果检测到电压互感器二次侧电压高于低电压闭锁值，相位表按滑差方向旋转，开始检查频差和压差是否越限。如越限，且选择了自动准同步装置的自动调频和调压功能，则装置进行自动调频和调压。如果频差和压差都在允许范围内，将检测断路器两侧是否同频。如果出现同频，装置将自动发出加速控制命令，使待并发电机加速，促进同步条件的出现。在频差和压差均满足要求后，进入准备并网阶段，测量当前的相角差，相角差进入 180°~0° 区间，开始检查频差变化率是否越限，程序进行理想导前相角的计算，当相角差接近零度时，发出合闸命令。确保在角差等于零度时，断路器的主触头闭合。

3. 自动准同步装置的功能

（1）能自动检测待并发电机与系统的电压差、频率差。当满足同期条件时，自动发出合闸脉冲命令，使断路器主触头闭合瞬间相角差为零。

（2）如果电压差、频率差不满足同期条件，能自动闭锁合闸脉冲；同时检测出电压差、频率差的方向，对待并发电机进行电压和频率的调整，从而加快自动并列的进程。

（八）同步发电机自动调节励磁装置

同步发电机和励磁系统构成了同步发电机的自动调节励磁系统。同步发电机的励磁系统由励磁功率单元和自动调节励磁装置组成。励磁系统就是为同步发电机提供励磁电流的设备，即与同步发电机转子电压的建立、调整以及必要时使其消失的设备。励磁功率单元的作用是向同步发电机的励磁绕组提供励磁电流。自动调节励磁装置根据发电机端电压的变化控制励磁功率单元的输出，达到调节励磁电流的目的。

1. 自动调节励磁装置的作用、调节原理及分类

（1）自动调节励磁装置的作用

自动调节励磁装置是同步发电机励磁控制系统的智能部件。它是根据端电压（和电流）

的变化对机组励磁产生校正作用的装置，用来实现正常和事故情况下励磁的自动调节。

（2）自动调节励磁装置的调节原理

自动调节励磁装置按其调节原理可分为按电压偏差比例调节和补偿调节两种。按电压偏差比例调节，当机端电压上升，调节器控制励磁功率单元，输出励磁电流减小，使机端电压下降；反之增大励磁电流，使机端电压上升。这种调节系统，只要机端电压变化，调节器都能进行调节，最终使机端电压维持在给定水平上。补偿调节是按影响机端电压变化的一些因素进行调节，具有一定的盲目性，只作为辅助调节装置，不单独使用。

（3）自动调节励磁装置的分类

自动调节励磁装置按其构成可分为机电型、电磁型、半导体型和微机型。机电型调节器不能连续调节，响应速度慢，存在死区，已被淘汰；电磁型调节器调节速度慢，但可靠性高，通常用于直流励磁机系统；半导体型调节器响应速度快，且工作可靠性高，已在电力系统中广泛应用；微机型调节器功能全面，灵活方便，在逐步推广使用。

2. 半导体自动调节励磁装置

（1）自动调节励磁装置的构成

半导体自动调节励磁装置由基本控制和辅助控制两大部分组成。基本控制单元由调差单元、测量比较单元、综合放大单元和移相触发单元构成，实现励磁电流的自动调节，以便维持电压水平和合理分配机组间的无功功率。辅助控制单元是为了满足发电机不同工况的要求，改善电力系统稳定性和励磁系统动态性而设置的。

（2）半导体自动调节励磁装置各基本控制单元的作用

①调差单元

调差单元是指稳定、合理分配机组间的无功功率。调差单元通过检测输出电压变化来反映端电压、无功电流的变化。随着无功电流的增大，输出电压相应升高或降低，通过自动调节励磁装置得到相应的正或负的调差系数。

②测量比较单元

测量比较单元是指测量发电机电压的变化并将其转变为相应的直流电压，然后与给定的基准电压进行比较，得到发电机的电压偏差信号。

③综合放大单元

综合放大单元是将电压偏差信号与其他辅助信号进行综合放大，以提高装置的灵敏度，适应不同工况的要求。

④移相触发单元

移相触发脉冲是指产生相位随着控制电压改变的一项触发脉冲，它通过控制晶闸管整流电路输出电压的大小，达到自动调节励磁的目的。

3. 微机型自动调节励磁装置

随着发电机单机容量和电网容量的不断增大，电力系统及发电机组对励磁控制在快速性、可靠性、多功能性等方面提出了更高的要求，常规模拟式励磁调节器难以满足如此高性能的要求，如更优的励磁调节性能、更多和更灵活地控制、限制、报警等附加功能。随着数字控制技术、计算机技术及微电子技术的飞速发展，微机型励磁调节器可以充分发挥其软件优势，无须添加硬件就可以方便实现其控制功能，显示直观、通信方便，具有模拟式调节器无法比拟的优点。

（九）电压无功自动控制装置

1. 有载调压变压器分接头和补偿电容器的综合控制

电压是衡量电能质量的重要指标，保证用户处的电压接近额定值是电力系统运行调整的基本任务之一。电压偏移过大不仅会对用户的正常生产产生不利影响，还可能使网损增大，甚至危及系统运行的稳定性。造成系统电压下降的主要原因是系统无功功率不足或系统无功功率分布不合理，所以电压调整问题主要是无功功率的分布与补偿问题。电压无功综合控制的目的：一是使负荷端电压与额定电压的偏差最小；二是使系统的功率损耗最小。

有载调压变压器可以在带负荷条件下切换分接头，从而改变变压器的变比进行调压。合理地布置无功功率补偿容量，可以改变无功潮流分布，提高功率因数、降低网损，从而改善用户的电压质量。在利用有载调压变压器的分接头进行调压时，调压措施本身不产生无功，因此在整个系统无功不足的情况下不可以用这种方法提高系统的电压水平。而利用补偿电器进行调压，由于补偿装置本身可产生无功功率，这种方法既能补充系统无功的不足，又可改变无功的分布。然而在系统无功充足，由于无功分布不合理而造成电压质量下降时，这种方法又无能为力了。因此只有将两者结合起来，才有可能达到良好的控制效果。

2. 电压无功综合控制原理

（1）调整变压器的变比

当负荷增大，引起线路电压损失增加，从而导致负荷端电压下降时，可以减小变压器的变比以提高变压器低压侧的电压，从而提高负荷端电压；但负荷减小时，导致负荷端电压上升时，可以增加变比，降低变压器低压侧的电压。改变变压器的变比是通过改变变压器的分接头来实现的。

（2）改变补偿电容器的无功功率

当无功功率补偿电容器不存在时，负荷需要的全部无功均由线路来传递。当补偿电容器组发出无功功率时，系统向负荷提供的无功功率减小，线路输送的无功率也减小，因此沿线路的电压损失减小，从而提高变电所的母线电压。线路上传递无功减小，线路上的电流减小，功率损耗随之减小，变电所的功率也随之提高。

第二章 电力发电系统

电力工业是国民经济的重要基础工业，是国家经济发展战略中的重点和先导产业，它的发展是社会进步和人民生活水平不断提高的需要。中国作为一个电力大国，电力来源很多，有火电、水电、风电、太阳能、核电等，这里简要介绍一下。

第一节 火力发电系统

火力发电一般是指利用石油、煤炭和天然气等燃料燃烧时产生的热能来加热水，使水变成高温、高压水蒸气，然后再由水蒸气推动发电机来发电的方式的总称。以煤、石油或天然气作为燃料的发电厂统称为火电厂。

一、火力发电厂的基本生产过程

火力发电厂的主要生产系统包括汽水系统、燃烧系统和发电系统，现分述如下。

（一）汽水系统

火力发电厂的汽水系统是由锅炉、汽轮机、凝汽器、高低压加热器、凝结水泵和给水泵等组成的，包括汽水循环、化学水处理和冷却系统等。

水在锅炉中被加热成蒸汽，经过热器进一步加热后变成过热的蒸汽，再通过主蒸汽管道进入汽轮机。由于蒸汽不断膨胀，高速流动的蒸汽推动汽轮机的叶片转动从而带动发电机。

为了进一步提高其热效率，一般都从汽轮机的某些中间级后抽出做过功的部分蒸汽，用以加热给水。在现代大型汽轮机组中都采用这种给水回热循环。此外，在超高压机组中还采用再热循环，即把作过一段功的蒸汽从汽轮机的高压缸的出口将做过功的蒸汽全部抽出，送到锅炉的再热汽中加热后再引入汽轮机的中压缸继续膨胀做功，从中压缸送出的蒸汽，再送入低压缸继续做功。在蒸汽不断做功的过程中，蒸汽压力和温度不断降低，最后排入凝汽器并被冷却水冷却，凝结成水。

凝结水集中在凝汽器下部由凝结水泵打至低压加热再经过除氧气除氧，给水泵将预加热除氧后的水送至高压加热器，经过加热后的热水打入锅炉，再过热器中把水已经加热到过热的蒸汽，送至汽轮机做功，这样周而复始不断地做功。

在汽水系统中的蒸汽和凝结水，由于疏通管道很多并且还要经过许多的阀门设备，这样就难免产生跑、冒、滴、漏等现象，这些现象都会或多或少地造成水的损失。因此，我们必须不断地向系统中补充经过化学处理过的软化水，这些补给水一般都补入除氧器中。

（二）燃烧系统

燃烧系统是由输煤、磨煤、粗细分离、排粉、给粉、锅炉、除尘、脱流等组成的。它是由皮带输送机从煤场，通过电磁铁、碎煤机然后送到煤仓间的煤斗内，再经过给煤机进入磨煤机进行磨粉，磨好的煤粉通过空气预热器来的热风，将煤粉打至粗细分离器，粗细分离器将合格的煤粉（不合格的煤粉送回磨煤机），经过排粉机送至粉仓，给粉机将煤粉打入喷燃器送到锅炉内进行燃烧。而烟气经过电除尘脱出粉尘再将烟气送至脱硫装置，通过石浆喷淋脱出流的气体经过吸风机送到烟筒排入天空。

（三）发电系统

发电系统是由副励磁机、励磁盘、主励磁机（备用励磁机）、发电机、变压器、高压断路器、升压站、配电装置等组成的。发电是由副励磁机（永磁机）发出高频电流，副励磁机发出的电流经过励磁盘整流，再送到主励磁机，主励磁机发出电后经过调压器以及灭磁开关经过碳刷送到发电机转子，当发电机转子通过旋转其定子线圈便感应出电流，强大的电流通过发电机出线分两路，一路送至厂用电变压器，另一路则送到 SF_6 高压断路器，由 SF_6 高压断路器送至电网。

二、主要设备及作用

（一）一次风机

一次进风可用来干燥燃料，将燃料送入炉膛，一般采用离心式风机。

（二）送风机

送风机用来克服空气预热器、风道、燃烧器阻力，输送燃烧风，维持燃料充分燃烧。

（三）引风机

引风机用来将烟气排除，维持炉膛压力，形成流动烟气，完成烟气及空气的热交换。

（四）磨煤机

磨煤机用来将原煤磨成需要细度的煤粉，完成粗细粉分离及干燥。

（五）空气预热器

空气预热器是利用锅炉尾部烟气热量来加热燃烧所需空气的一种热交换装置。提高锅炉效率，提高燃烧空气温度，减少燃料不完全燃烧热损失。空气预热器分为导热式和回转式。回转式是将烟气热量传导给蓄热元件，蓄热元件将热量传导给一、二次风，回转式空气预热器的漏风系数在 8%~10%。

（六）炉水循环泵

炉水循环泵用来建立和维持锅炉内部介质的循环，完成介质循环加热的过程。

（七）燃烧器

燃烧器用来将携带煤粉的一次风和助燃的二次风送入炉膛，并组织一定的气流结构，使煤粉能迅速稳定地着火，同时使煤粉和空气合理混合，达到煤粉在炉内迅速完全燃烧。煤粉燃烧器可分为直流燃烧器和旋流燃烧器两大类。

（八）汽轮机

汽轮机本体是完成蒸汽热能转换为机械能的汽轮机组的基本部分，即汽轮机本身。它与回热加热系统、调节保安系统、油系统、凝汽系统以及其他辅助设备共同组成汽轮机组。

1. 汽轮机本体

汽轮机本体主要由转子、静子、轴承及轴承箱、盘车装置四大部分构成。

（1）转子：汽轮机通流中的转动部分，是汽轮机做功的关键部件，由主轴、叶轮、叶片、联轴器等主要零部件组成。

（2）静子：汽轮机通流中的静止部分及汽轮机的外壳部分，由汽缸、隔板及隔板套、进汽部分、排汽部分、端汽封等主要零部件组成。

（3）轴承及轴承箱：支持轴承用来承受转子的重量并保持转子的径向位置，推力轴承用来固定转子的轴向位置，轴承箱用来安装轴承和轴承座。

（4）盘车装置：在进汽冲转前及停汽停机后使汽轮机继续保持低速旋转的装置，由电动机、减速器、离合器、操纵机构构成。

2. 汽轮机辅机系统

汽轮机辅助系统主要由油系统、汽封系统、疏水系统、凝汽系统、抽气系统组成。

（1）油系统：主要用于向汽轮机各轴承和盘车装置提供润滑油，向转子联轴器提供冷却油，向调节保安部套提供压力油和安全油，向发电机密封系统提供密封油，向主轴顶轴装置提供顶轴油；主要由润滑油系统、顶轴油系统、油处理系统组成。

（2）汽封系统：防止高中压缸内蒸汽向外泄漏进入汽机房和窜入轴承箱，防止空气漏入低压缸内影响机组真空度，回收高压及中压主汽阀及调节阀的阀杆漏汽；一般由汽源、调节阀站及其控制装置、减温装置、抽气装置、安全阀组成。

（3）疏水系统：确保在机组启动、停机、升负荷、降负荷运行，蒸汽参数大幅度波动或在异常情况下将汽轮机本体及其本体阀门以及与汽缸连接的各管道内的凝结水排泄出去，从而防止汽轮机进水造成汽缸变形、转子弯曲、动静碰磨，甚至引起叶片断裂。典型的疏水系统由疏水分管、母管、自动疏水阀、疏水孔板、疏水扩容器、排汽管以及各种消能装置和挡水板组成。

（4）凝汽系统：保证汽轮机排汽在凝汽器中不断凝结，并使凝汽器达到所要求的真空值；是凝结水和补给水去除氧器之前的先期除氧设备；接受机组启停和正常运行中的疏水；接受机组启停和甩负荷过程中的旁路排汽。

（5）抽气系统：在汽轮机启动时建立真空以及在运行中抽除从真空系统不严密处漏入的空气和未凝结蒸汽。

3.汽轮机调节控制系统

汽轮机调节控制系统主要由汽轮机调节系统、保护系统、安全监视装置组成。

（1）调节系统（TCS）：按照一定的方式，通过控制调节汽阀开度的方法来控制机组的转速及负荷，以满足汽轮发电机组在各种不同工况下可靠运行的要求。由敏感元件、放大部件和执行机构三大部分组成。

（2）保安系统（TPS）：通过测量、判断、中间转换放大和执行机构对汽轮发电机组进行开环控制，确保机组安全。当出现危及机组安全运行的状况时，如转速飞升、润滑油压过低、凝汽器真空过低等，保安系统能够迅速遮断机组进汽，从而保护机组主要设备的安全。

（3）安全监视装置（TSI）：连续监测汽轮机运行时轴系的各种重要参数，如转速、偏心、轴振、盖振、轴位移、胀差、热膨胀等，保证机组安全、经济、可靠地运行。

三、火力发电用煤品种及过程分析

煤炭在锅炉内燃烧放出的热量，将水加热成具有一定压力和温度的蒸汽，然后蒸汽沿管道进入汽轮机膨胀做功，带动发电机一起高速旋转，从而发出电来。在汽轮机中做完功的蒸汽排入冷汽器中并凝结成水，然后被凝结水泵送入除氧器。水在除氧器中被来自抽气管的汽轮机抽汽加热并除去所含气体，最后又被给水泵送回锅炉中重复参加上述循环过程。显然，在这种火力发电厂中存在着三种型式的能量转换过程：在锅炉中煤的化学能转变为热能；在汽轮机中热能转变为机械能；在发电机中机械能转换成电能。进行能量转换的主要设备——锅炉、汽轮机和发电机，被称为火力发电厂的三大主机，而锅炉则是三大主机中最基本的能量转换设备。

（一）电站锅炉

发电用锅炉称为电站锅炉。目前，我国大型电厂多用煤粉炉和沸腾炉。电站锅炉与其他工厂用的工业锅炉相比有如下明显特点：①电站锅炉容量大；②电站锅炉的蒸汽参数高；③电站锅炉自动化程度高，其各项操作基本实现了机械化和自动化，适应负荷变化的能力很强，工业锅炉目前仅处于半机械化向全机械化发展的过程中；④电站锅炉的热效率高，多达90%，工业锅炉的热效率多在60%~80%之间。

W（二）电站用煤的分类

火力发电厂燃用的煤通常称为动力煤，其分类方法主要是依据煤的干燥无灰基挥发分进行分类。

（三）煤粉的制备

煤粉炉燃烧用的煤粉是由磨煤机将煤炭磨成的不规则的细小煤炭颗粒，其颗粒平均在0.01~0.05mm，其中20~50μm（微米）以下的颗粒占绝大多数。由于煤粉颗粒很小，表面积很大，故能吸附大量的空气，且具有一般固体所未有的性质——流动性。煤粉的粒度越小，含湿量越小，其流动性也就越好。但煤粉的颗粒过于细小或过于干燥，则会产生煤粉自流现象，使给煤机工作特性不稳，给锅炉运行的调整操作造成困难。另外煤粉与氧气接触会发生氧化，在一定条件下可能发生煤粉自燃。在制粉系统中，煤粉是由气体来输送的，气体和煤粉的混合物一遇到火花就会使火源扩大而产生较大压力，从而造成煤粉的爆炸。

锅炉燃用的煤粉细度应由以下条件确定：燃烧方面希望煤粉磨得细些，这样可以适当减少送风量，使排烟热损失、固体不完全燃烧热损失降低；从制粉系统方面希望煤粉磨得粗些，从而降低磨煤电耗和金属消耗。所以在选择煤粉细度时，应使上述各项损失之和最小。总损失蝉联小的煤粉细度称为"经济细度"。由此可见，对挥发分较高且易燃的煤种，或对于磨制煤粉颗粒比较均匀的制粉设备，以及某些强化燃烧的锅炉，煤粉细度可适当大些，以节省磨煤能耗。由于各种煤的软硬程度不同，其抗磨能力也不同，因此每种煤的经济细度也不同。

（四）煤粉的燃烧

由煤粉制备系统制成的煤粉经煤粉燃烧器进入炉内。燃烧器是煤粉炉的主要燃烧设备。燃烧器的作用有三：一是保证煤粉气流喷入炉膛后迅速着火；二是使一、二次风能够强烈混合以保证煤粉充分燃烧；三是让火焰充满炉膛而减少死滞区。煤粉气流经燃烧器进入炉膛后，便开始了煤的燃烧过程。燃烧过程的三个阶段与其他炉型大体相同。所不同的是，这种炉型燃烧前的准备阶段和燃烧阶段时间很短，而燃尽阶段时间相对很长。

（五）发电用煤的质量要求

电厂煤粉炉对煤种的适用范围较广，它既可以设计成燃用高挥发分的褐煤，也可设计成燃用低挥发分的无烟煤。但对一台已安装使用的锅炉来讲，不可能燃用各种挥发分的煤炭，因为它受喷燃器型式和炉膛结构的限制。发电用煤质量指标有以下几个：

1.挥发分。挥发分是判明煤炭着火特性的首要指标。挥发分含量越高，着火越容易。根据锅炉设计要求，供煤挥发分的值变化不宜太大，否则会影响锅炉的正常运行。比如，原设计燃用低挥发分的煤而改烧高挥发分的煤后，因火焰中心逼近喷燃器出口，可能因烧坏喷燃器而停炉；若原设计燃用高挥发分的煤种而改烧低挥发分的煤，则会因着火过迟使燃烧不完全，甚至造成熄火事故。因此供煤时要尽量按原设计的挥发分煤种或相近的煤种供应。

2. 灰分。灰分含量会使火焰传播速度下降，着火时间推迟，燃烧不稳定，炉温下降。

3. 水分。水分是燃烧过程中的有害物质之一，它在燃烧过程中吸收大量的热，对燃烧的影响比灰分大得多。

4. 发热量。煤的发热量是锅炉设计的一个重要依据。由于电厂煤粉对煤种适应性较强，因此只要煤的发热量与锅炉设计要求大体相符即可。

5. 灰熔点。由于煤粉炉炉膛火焰中心温度多在1500℃以上，在这样的高温下，煤灰大多呈软化或流体状态。

6. 煤的硫分。硫是煤中的有害杂质，虽对燃烧本身没有影响，但它的含量太高，对设备的腐蚀和环境的污染都相当严重。因此，电厂燃用煤的硫分不能太高，一般要求最高不能超过2.5%。

四、火力发电热效率利用现状及提升措施

火力发电过程中的清洁生产，除了SO_2粉煤灰等污染物的处理外，提高火力发电的热效率，减少能耗，也是清洁生产中必不可少的一部分。在生产相同电量的情况下，减少能源的使用量，相应地减少了污染物的产生，从源头上削减了污染，达到了清洁生产的目的。

（一）热效率现状

目前能源的很大一部分是用于发电，而且多采用矿物燃料加热燃烧，将贮藏的化学能转换为热能，热能通过发电装置又可转化为电能，即火力发电。火力发电的简单过程是：化石燃料通过在锅炉中燃烧大约将90%的化学能转换为热能，并将热能传递给锅炉水管中的水分，使其加热蒸发，水蒸气通过蒸汽管流向涡轮机并冲击叶片转动，涡轮机则把40%的热能转换成机械能，发电机把所能得到的机械能的99%转换成电能，然后通过输出系统将电能输送到用户。

由热能转换成电能的总效率等于锅炉效率 × 涡轮机效率 × 发电机效率。若每个装置以目前最大效率运行，则

$$总效率=0.88 \times 0.46 \times 0.99 \times 100\%=40\%$$

以上所述表明，一个火力发电站所消耗的热能只有40%转换成电能，其余60%以热的形式损失掉了。其中从锅炉燃烧过程烟气的排放带走一部分热量使大气增温，其余的大部分是从汽轮机出来的热蒸汽经冷却器冷去后形成水，冷凝水用泵打回锅炉重复使用，而冷却器中的冷却水则增温外排，流入河流或其他水体，形成所谓的热污染。

（二）提高热效率的方法

1. 提高压温比

现行火力发电原理都是：煤炭化学能经燃烧转化为水蒸气动能，水蒸气推动汽轮做功，

在磁场中金属导体产生电能。这一过程中，导体输出的电能由汽轮机动能决定，而汽轮机动能又由水蒸气压强（P）决定，因而要想输出的电功率多，就得尽可能地增大工质压强。同时，在这一过程中，热能会有较大流失，也就是说有很大一部分热能不能转化为水蒸气动能（或压强）。而流失的热能与工质的热力学温度（T）有关，T 越大，热能越易流失。所以，在尽可能地提高工质压强的情况下，还得减少温度 T；也就是说，要想办法提高压温比（P/T），而在气态快转化为液态的临界状态时，工质的压温比最高。因为气体越高压、越低温、越易液化，压温比提高到临界状态，就基本不能再升了（再升就成了液体，不能做功了）。目前许多火电厂都是在超临界状态工作，所以，从这方面说，火电效率不能再提升了。

2. 减少热传递和热辐射

要想提高效率，得从各个过程入手。首先，我们可得出热能有三种转移方式：做功、热传递、热辐射。这三种方式中，我们想要的是尽可能地增加热能做功部分，而减少热传递和热辐射。在锅炉中，水蒸气因有高温，还是会与外界有热传递。要减少热传递，可利用杜瓦瓶原理绝热，即对装水容器安装两层夹板，两板之间抽成真空再密封，这样，热传递而流失的能量大部分都会得到收集。另外，根据斯特藩－玻尔兹曼定律，热辐射与容器面积和 T^n 成正比。因而，可通过增大容器的体积和面积之比来减小热辐射所占比例，从而帮助热能利用。

3. 利用乏气中的热能

以上两种思路虽然有助于提高火电效率，但提高程度不大，因而其现实意义较小。在热电转换过程中，热能最主要的流失是水蒸气推动汽轮机做功后向外界排出的乏气中还含有大量热能，这部分热能没被利用，因而现行火电效率不高。要想使这部分热能得到利用，就得想法使它转化为气体的定向动能（热能是杂乱、各向均匀同性的，无法推动汽轮机做功）。而较现实的思路是参照节流制冷原理，使水蒸气在经汽轮机之前就让它通过多孔性隔板，这样，通过后的水蒸气温度就会有所降低，而流速增大，有利于增大定向动能所占比例，从而有利于水蒸气做功。

实验表明，先前流速较低的气体通过缩口式阀门后，流速增大、温度降低，相当于把热能转化为了气体的定向动能。从理论上分析，由于气体的压强（决定定向动能）可看作由温度（决定热能）产生，则压强可认为是动能，热能是势能，气体通过小孔后，流速会增大，就是动能增大，根据能量守恒，则势能一定会减小，即温度会降低。而这个节流过程就是把不做功的热能转化为能做功的定向动能，从而降低乏气带走的热能，增大做功的比例，提高火电效率。

现实中可先对封闭的水蒸气不断加热，待其压强高到一定值时再让水蒸气通过多层多孔性隔板，多次节流，从而较大幅度降低其温度。同时保持节流后的水蒸气动能和现行情况大致相等（这需要节流前压强比现在高），然后控制火力，使燃烧输给水蒸气的能量和节流后水蒸气定向动能相平衡。

4.改善机件

另外,在火力发电过程中,各机件运动的能量也是能量消耗的原因。比如,汽轮机和磁极转动,它们本身也有能量,它们也靠热能提供,有一部分不能转化为电能。因此,还得尽量减小这些机件的质量或密度,如汽轮机厂可把汽轮机的叶片尽可能地做薄或用轻材料(如钛铝合金)代替钢铁部分。

从总量来看,我国是一个煤炭能源比较丰富的国家,但由于人口众多,无论人均能源占有量或人均能源消费量都很低。在能源需求量日益增大的今天,有限能源不断减少,特别是在石油资源日益紧张的情况下,使得煤炭资源不仅在当前,而且在今后较长时间内将是主要能源。提高煤炭资源在发电过程中能量的利用率,既能提高能源的利用效率,缓减能源压力;又使得在生产相同电量的情况下,燃烧较少的煤炭。相应的,产生较少的污染物 SO_2 粉煤灰、废水、废气等,达到清洁生产的目的。在火力发电过程中,由于燃烧大量的煤炭资源,产生大量的污染物,污染物的排放对环境产生了极大的影响。因此,我们在致力于如何处理、处置污染物的同时,更应该注重减少污染物的产生,而清洁生产正是从源头上削减污染,提高资源利用效率,减少或者避免生产、服务和产品使用过程中污染物的产生和排放,以减轻或者消除对人类健康和环境的危害。

清洁生产是环境保护战略由被动反应向主动行动的一种转变,是工业生产实现可持续发展的必要途径。随着经济的发展,电力这种清洁能源的使用量也将大幅度增加。这就要求我们在大力生产电力能源的同时,必须引导电力企业开展清洁生产,使清洁生产有组织、有计划地在企业中进行下去。具体来说,应节能、降耗、减污、增效,提高电厂综合竞争能力;将污染物消除在生产过程中,降低污染治理设施的建设和运行费用,并有效解决污染转移问题,从而使企业在环境效益和经济效益两个方面获得双丰收,并在不断的清洁生产审核中,提升企业可持续发展的目标。

第二节 水力发电系统

水力发电(hydro electric power)是指利用河流、湖泊等位于高处具有位能的水流至低处,将其中所含的位能转换成水轮机的动能,然后再以水轮机为原动力,推动发电机产生电能。利用水力(具有水头)推动水力机械(水轮机)转动,将水能转变为机械能,如果在水轮机上接上发电机,随着水轮机转动便可发出电来,这时机械能又转变为电能。因此,水力发电在某种意义上讲是水的位能转变成机械能,再转变成电能的过程。科学家们依据水位落差的天然条件,有效地利用流体力学工程及机械物理等,使发电量达到最高,供人们使用既经济又无污染的电力。

一、水力发电特点

水力发电主要有以下几个特点：

（一）发电成本低

水力发电是利用河流所携带的水能，不需要再消耗其他的动力资源。而且上一级水电站使用过的水流仍可为下一级水电站所利用，梯级电站的发电即是这个道理。另外，水电站的设备比较简单，其检修、维护费用也较同容量的火电厂低很多。如果把消耗的燃料费用计算在内，火电厂的年运行费用约为同容量水电站的10~15倍。因此，水力发电的成本较低，可以提供较经济的电能。

（二）高效而灵活

水力发电主要动力设备的水轮发电机组，不仅效率高，而且启动、操作比较灵活。它可以在几分钟内从静止状态迅速启动投入运行；在几秒钟内完成增减负荷的任务，适应电力负荷变化的需要，而且不会造成能源损失。因此，利用水电承担电力系统的调峰、调频、负荷备用和事故备用等任务，可以提高整个系统的经济效益。

（三）工程效益的综合性

水电工程是一项复杂的综合性工程，具有防洪、灌溉、航运、给水以及旅游等多种功能。水电站建设后，可能会出现泥沙堆积、良田、森林和文化古迹等被淹没，鱼类生活和繁衍被打乱等各种不利现象。库区周围地下水位的大幅度提高会对周边的果树、作物的生长产生不良影响，建设大型水电站还可能影响流域的气候，导致干旱或洪水，甚至诱发地震、泥石流、滑坡等地质灾害。因此兴建大型水电站必须坝体、坝肩及两岸岩石的抗震能力进行研究和模拟试验，予以充分论证。这些都是水电开发所要研究的问题。

（四）一次性投资大

兴建水电站开支较大，除了购买大量的土石方和混凝土外，而且会造成相当大的淹没损失，需支付巨额的移民安置费用。其工期也较火电厂建设长，影响建设资金周转。即使由各受益部门分摊水利工程的部分投资，水电的单位千瓦投资也比火电高出很多。但在以后的运行中，年运行费的节省逐年抵偿。其最大允许抵偿年限与国家的发展水平和能源政策有关。抵偿年限小于允许值则认为增加水电站的装机容量是合理的。

二、水能的开发方式和水电站的基本型式

水流之所以能使水轮发电机组旋转发电，是因为它具有对水轮机做功的本领——水能，而水头和流量则是构成水能的两个基本要素。但是，天然河流的落差常常分散在很长的河段上，不便于利用；天然河道的流量也是经常变化的，洪水期很大，可能用之有余；枯水

期很小，可能不足所需。为了最充分、最有效地利用天然水能，就需要用人工的方法去修建集中落差和调节流量的水工建筑物，如筑坝形成水库、修建引水建筑物和厂房等，以构成水电站。由于天然水能存在的状况不同，开发利用的方式也各异，因此，水电站的形式也是多种多样的。

根据河道地形、地质、水文等条件的不同，水电站集中落差、调节流量、引水发电的情况也不同。按照集中落差的方式，水电站的基本型式有坝式水电站、引水式水电站和混合式水电站等。

（一）坝式水电站

坝式水电站的特点是在河道上修建拦河大坝抬高上游水位以集中落差，并形成水库调节流量。坝式水电站按照集中落差的大小和建筑物布置的特点又可分为坝后式水电站和河床式水电站两种。

1. 坝后式水电站

坝后式水电站将厂房布置在紧靠大坝下游，这种布置型式可使建筑物紧凑、工程量省、施工和运行管理方便。

丹江口（坝后式）水电站的厂坝横剖面图，由大坝所形成的水电站最大水头 81.5m，水库总库容 208.86 亿 m^3，装机容量 6×15=900MW。水流通过坝前进水口和坝内压力管道进入厂房，驱动水轮发电机组发电。

具有混凝土坝的坝后式水电站较为常见，如我国的龙羊峡（装机容量 1280MW）、安康（装机容量 800MW）等水电站。

当拦河大坝为土石坝，不能在坝身内埋管时，或由于河道狭窄布置坝后厂房有困难时，亦可在上游水库岸边修建河岸式进水口，采用压力隧洞引水，厂房可设在坝下游河岸边。这种型式的水电站称为坝后引水式水电站，如我国的黄龙滩（装机容量 490MW）、隔河岩（装机容量 1200MW）等水电站都属于这种型式的水电站。

2. 河床式水电站

在河道的中、下游，河道坡降比较平缓，河床也比较开阔，在这些河段上用低坝开发的水电站，往往由于水头较低，通常将水电站厂房布置在河床中，作为坝的一部分，也起挡水作用，这种型式的水电站称为河床式水电站。

河床式水电站虽然应用水头不高，而引用流量往往很大，因而水电站依然会有很大的出力。例如，长江葛洲坝水电站，该水电枢纽工程采用了"一体两翼"的布置方式，即在主流深泓处布置了二江泄水闸，共 27 孔，前沿总长 498m，可宣泄洪水流量 83900m^3/s；在靠近右岸处布置了大江一号船闸，在靠近左岸处布置了三江二号及三号船闸；在航道与泄水闸之间布置了大江电厂和二江电厂，厂内共装设 21 台水轮发电机组，总装机容量达 2715MW。水电站的最大水头为 27m，可以看出厂房主要以其上游侧挡水墙和下部大体积混凝土起挡水作用，水流直接由厂房进水口引入水轮机。为了防止泥沙在厂房前淤积，在每个机组段的下部还设有排沙底孔。这样，将电站厂房与闸坝结合起来也起挡水作用，从而大大减小了坝体工程量。我国八盘峡（最大水头 19.5m，装机容量 180MW）、大化（最大水头 39.7m，装机容量 450MW）等水电站都属于这种河床式水电站。

（二）引水式水电站

在山区河道上修建水电站时，由于河道坡度陡峻，水流湍急，有些地方还可能有较大的跌水和河湾，于是往往筑一低坝取水，采用人工修建的引水建筑物（如明渠、隧洞、管道等）引水以集中落差发电，因此这种水电站称为引水式水电站。按引水建筑物中水的流态不同，引水式水电站又可分为无压引水式水电站和有压引水式水电站。

1. 无压引水式水电站

采用无压引水建筑物（如明渠、无压隧洞），用明流的方式引水以集中落差的水电站称为无压引水式水电站。

2. 有压引水式水电站

若在水间（或低坝）抬高水位之后，采用有压引水建筑物（如压力隧洞、压力水管）来集中落差时，这种水电站称为有压引水式水电站。当压力引水道很长时，为了减小其中的水击压力和改善机组运行条件，还需在靠近厂房处修建调压室。这种型式的水电站可以集中很高的落差，如我国跨流域开发的云南以礼河第三级盐水沟（最大水头 620m，装机容量 144MW）和第四级小江（最大水头 628m，装机容量 144MW）水电站，它们都是从上一级电站的尾水取水，水头全部靠压力引水道获得。奥地利雷扎河水电站是世界上水头最高的有压引水式电站，其工作水头高达 1771m。

（三）混合式水电站

当水电站应用的水头是由筑坝和修建压力引水道共同形成时，这种水电站称为混合式水电站。若河段的上游地势平坦宜于筑高坝形成大库、下游坡度较陡或有较大的河湾又宜于采用压力引水道集中落差时，把坝式水电站和引水式水电站的特点结合起来修建混合式水电站，取得更高的落差是经济可行的。

我国浙江省乌溪江上游湖南镇水电站就是这种混合式水电站，该电站坝高 128m、压力引水隧洞长 1100m，两者集中的最大水头为 117m。为减小水击压力和改善机组运行条件，在压力引水隧洞的末端设置了调压室。在调压室以后用高压引水隧洞引水至厂房发电，电站装机容量 170MW。我国狮子滩（最大水头 71.5m，装机容量 48MW）、鲁布革（最大水头 372m，装机容量 600MW）等水电站都是混合式水电站。

（四）抽水蓄能电站

抽水蓄能发电是水能利用的另一种形式，不是开发水力资源向电力系统提供电能，而是以水体作为能量储存和释放的介质，对电网的电能供给能起到重新分配和调节的作用。这种电站有上游和下游两个水库，两库之间形成落差，厂房内装有可逆式机组，抽水蓄能电站的工作由发电和抽水两种工况组成。

电网中火电厂和核电厂的机组带满负荷运行时效率高、安全性好。例如，大型火电厂机组出力不宜低于80%，核电厂机组出力不宜低于80%，频繁地开机、停机及增减负荷不利于火电厂和核电厂机组的经济性和安全性。因此，在电网用电低谷时，电网上电能供大于求，这时可启动抽水蓄能水电站中的可逆式机组接受电网的电能作为电动机 - 水泵运行，将下水库的水抽到上水库中，将电能以水能的形式储存起来；在白天电网用电高峰时，电网上电能供不应求，这时可用上水库的水推动可逆式机组作为发电机 - 水轮机运行，将上水库中的水能重新转为电能。这样可以大大改善电网的电能质量，有利于电网的稳定运行，并能提高火电厂、核电厂设备的利用率和经济性、安全性及电网的经济效益。

我国目前已经建成和正在兴建一批大中型抽水蓄能电站，如河北省潘家口、浙江天荒坪、北京市十三陵和广州抽水蓄能电站等。

（五）潮汐水电站

潮汐水电站利用海洋高低潮位差发电。潮汐水能发电是一种低水头大流量的水电站，并且要求涨潮和落潮时两个引水方向都能发电，因此需要安装双向发电的可逆式机组。

三、水力发电的生产过程

将河流中分散的落差形成集中的水头，并在上游形成水库，水能即蕴蓄其中。用压力水管将水流引向电站厂房，水轮发电机组先将水能转变为机械能再转变为电能，然后通过母线将电能送至变压器升高电压后，经开关站用高压输电线送往用户。

水轮机、发电机和其他附属机电设备，一般都布置在发电厂房内。水电站是一个生产电能的工厂，"水能"是生产的原料，"水轮发电机组"是主要的生产机器，"电能"是生产的产品。供给的水能越多，发电能力越大。

在大、中型水电站中，水轮机一般都是和发电机同轴连接，称为水轮发电机组。

四、水力发电设备

（一）水轮机

将水流能量转换成旋转机械能的水力机械称为水轮机。它主要利用水流的动能和压能做功，并带动发电机旋转以产生电能，是水电站的主要动力设备。水轮机和发电机构成水轮发电机组，其中水轮机是原动机。水轮机是当今原动机中效率最高、使用寿命较长的原动机。

水轮机作为水电站的心脏，其运行情况的好坏决定了整个电站的经济效益，甚至关系电力系统的稳定运行。

1. 水轮机的基本类型

为了适应各种不同的自然地理条件，更有效地利用水力资源，争取更高的动力效益，从而出现了各种不同类型的水轮机。

水轮机的基本类型主要有两大类，即反击式水轮机和冲击式水轮机，这种分类主要是根据水流能量转换的特征来划分的。

（1）反击式水轮机（转轮利用水流的压力能和动能做功的水轮机）

水流流经水轮机时充满整个转轮，这时转轮的叶片受到了水流的作用力。这一作用力的产生是因为压力水流绕流过转轮叶片时，其压能和动能产生了变化（减少了），亦即水流的能量以压能和动能的形式交付水轮机转轮。其中，主要由压能转换而获得水轮机的机械能。

反击式水轮机利用水流能量的方式，决定了其转轮内的流动必然为有压流动，转轮的工作过程不能在大气中进行，它必须处在密闭的流道之中，这是反击式水轮机的主要特点。反击式水轮机的另一特点是由于转轮必须处在水流包围之中，转轮四周均可进水，因此水轮机过流量大。

反击式水轮机按照转轮的结构特点又可分为混流式、轴流式和斜流式三种形式。

（2）冲击式水轮机（转轮只利用水流动能做功的水轮机）

这类水轮机是靠高速水流"冲击"转轮而做功的。水流自水库、压力前池经引水钢管进入水轮机的进水管，然后通过喷嘴把其所具有的能量（水头）全部转换为动能，形成一股高速射流，射向转轮圆周的叶片上，这时水流就将其能量交给转轮，推动转轮旋转。

在此类水轮机中，水并没有充满整个转轮室。从喷嘴射出的射流也是处在大气压力下的自由射流，故这种水轮机是通过水流动能的转换而获得水轮机的机械能的。

根据转轮内流道的水流特征和水轮机的结构特征，这两大类水轮机又可分为若干种形式，主要有混流式、轴流式、斜流式、贯流式和水斗式水轮机以及可逆式水泵水轮机。

根据转轮布置方式的不同，水轮机的装置形式有立式和卧式两种。一般大中型机组都布置成立式。

2. 各类型水轮机的特点和应用范围

（1）混流式水轮机

混流式水轮机是在水轮机中水流由径向流入、轴向流出转轮的反击式水轮机，又称"法兰西水轮机"（Francis Turbine）。混流式水轮机的转轮是由叶片、上冠和下环组成的，叶片不能转动。由于转轮强度高，它可适用于较高的水头。这种形式的转轮在设计时允许在叶片的进水高度、中片数目、叶片的安放位置以及长短等方面做较大范围的变动，以适应不同电站的需要。因此，它是反击式水轮机中适用水头范围最广和应用最多的一种机型。我国清江隔河岩 300MW 和长江三峡水电站 700MW 的水轮发电机组应用的就是这种水轮机。

混流式水轮机的另一个应用领域是抽水蓄能电站，在这种电站中，水轮机在用电低峰时段以"泵"的状态工作。将下游水库中水抽送到高位水库去；而在用电高峰时段则由高位水库向低位水库放水，水轮机用作发电机的动力源工作。抽水蓄能电站的应用水头越高，蓄能经济性也就越好。所以上、下游水位的落差大多在数百米，最高的可达 700m，正是混流式水轮机的工作水头范围。

混流式水轮机的特点：①应用水头范围广，一般用于 H=50～700m；②结构简单，运行可靠；③运行效率高。

（2）轴流式水轮机

轴流式水轮机是水流轴向进、出转轮的反击式水轮机。应用水头范围：3～70m。轴流式水轮机在整体布置上与混流式水轮机大体相仿，只是转轮位于流道的轴流区段，与导叶出口距离稍远一点。根据转轮叶片在运行中能否转动，其又可分为轴流定桨式和轴流转桨式两种。

轴流定桨式水轮机：转轮叶片不可调的（或停机可调的）轴流式水轮机。其特点是：①结构简单；②偏离设计工况时效率会急剧下降。这种水轮机一般用于功率不大及水头变化幅度较小的电站。

轴流转桨式水轮机：转轮叶片可与导叶协联调节的轴流式水轮机，又称"卡普兰（Kaplan）式水轮机"。转桨式水轮机效率的变化较为平缓，在大中型轴流式水轮机中得到了广泛的应用。

轴流转桨式水轮机特点：①由于实现了叶片与导叶的双重调节，其高效率区范围宽广；②结构较复杂，因此需有转动叶片的操作机构。

（3）斜流式水轮机

斜流式水轮机是轴面水流以倾斜于主轴的方向进、出转轮的反击式水轮机。应用水头范围：40～200m。

斜流式水轮机的特点：①实现了转轮叶片与导叶的双重调节，有较宽的高效率区；②由于叶片轴线和水轮机轴线斜交，因而与轴流式相比能装设较多的叶片（轴流式 4～8 片，斜流式 8～12 片），提高了应用水头；③结构较复杂。

（4）贯流式水轮机

贯流式水轮机没有蜗壳，并将引水管、导水机构、转轮、尾水管都布置在一条直线上，水流沿轴线方向通过机组，因而得名"贯流式"。贯流式水轮机适用于 3～25m 的水头，适合开发分散水力资源的小型水电站建设使用。根据贯流式水轮机和其发电机传动方式的不同，可分为全贯流式和半贯流式两类。目前广泛采用的是灯泡贯流式。

贯流式水轮机的特点是：①效率高（进水呈直线，出水为直锥形尾水管）；②过流能力大，比速高；③结构紧凑；④制造要求高，运行、检修不便。

（5）水斗式水轮机

水斗式水轮机是冲击式水轮机的主要机种，又称"培尔顿（Pelton）水轮机"。应用水头范围：400～1770m。特点：①应用水头较高；②结构简单；③不受空蚀条件限制。

由压力水管引来的高压水流通过喷嘴冲击转轮的水斗，转轮旋转，带动发电机运行工作。喷针的前、后移动可以改变锥形的喷针体与喷嘴间环形流道的有效过流面积，调节水体流量进而调节转轮上的驱动力矩。射流折向器用来紧急偏转射流方向，使其部分或全部引向旁侧，使斗轮在突然甩负荷时不致由于射流的继续强力作用而飞逸旋转。

由喷嘴流出的射流是在大气边界条件下与转轮水斗间实现能量交换的，因此冲击式水轮机中的流动是无压流动，这是与反击式水轮机不同的。

对于冲击式水轮机的一个转轮可以同时在圆周方向上布置多个喷嘴，改变工作喷嘴的数目也可以调节机组的出力，因此冲击式水轮机有很大的调节灵活性。对于工作水头很高，使用反击式水轮机解决汽蚀问题难度过大的，或者水力资源流量较小，使用反击式水轮机不甚合理时，都可以使用冲击式水轮机作为工作机型进行水电建设。同时，冲击式水轮机结构比较简单，维护、检修也比较方便，工作可靠，这些对高水头电站的建设都是很有利的。

（6）可逆式水泵水轮机

水泵水轮机既可作为水轮机，又可作为水泵使用，主要应用于抽水蓄能电站，有混流式、轴流式和斜流式三种，其中混流式应用最为广泛。其结构与同类水轮机相似。

3. 水轮机的基本构造

（1）反击式水轮机

按水流经过的途径，一般反击式水轮机具有四大过流部件，即引水部件、导水机构、转轮和尾水管，其功能如下：

①引水部件：由蜗壳和座环组成，将水流均匀而轴对称地引入转轮前的导水机构，并使水流具有一定的速度环量。当水头低于40m时，采用混凝土蜗壳，为施工方便蜗壳各断面做成梯形。当水头高于40m时，采用钢板或铸钢蜗壳。金属蜗壳的断面为圆形。座环承担机组的轴向载荷，并把载荷传递给混凝土基础。

②导水机构：导水机构设置在转轮之前，为水流建立转轮进口所需的环量；在运行中能随时调节流量以适应负荷的变动；在停机时能截断水流进入转轮。因此，导水机构在水轮机中起着导向、调节和关机的作用。

导水机构由导叶及导叶传动机构组成，导叶传动机构包括转臂、连杆、控制环等部件。导叶传动机构由接力器推动，接力器运动受调速器控制。

③转轮：转轮是水轮机中最重要的过流部件。水流通过导水机构获得必要的水流方向和速度后进入转轮，转轮叶片之间的通道称为流道，水流经过流道时，叶片迫使水流按其形状改变流速的大小和方向，使水流动量改变。同时水流反过来将给叶片一个反作用力，此力的合力对转轮轴心产生一个力矩，推动转轮旋转，从而将水流能量转换为旋转机械能。

转轮通过上冠与主轴相连，上冠下部装有泄水锥，用来引导水流均匀流出转轮。为减少漏流量，在上冠与顶盖之间，下环与基础环之间装有迷宫环（止漏装置）。为了减少轴向水推力，在上冠上设有减压孔。

④尾水管：反击式水轮机的尾水管不但是一个过流部件，同时是一个回收水流能量的机构。尾水管可以使转轮出口的水流动能以及高出下游水面的那一段位能得到利用。

反击式水轮机的非过流部件主要有主轴和轴承。主轴将转轮的机械能以旋转力矩的形式传递给发电机转子。轴承用来承受水轮机轴上的载荷（径向力和轴向力），并传给基础。

（2）冲击式（水斗式）水轮机

冲击式（水斗式）水轮机的主要部件有以下几种：

①喷嘴、喷针及其控制机构。喷嘴和喷针构成水斗式水轮机的导水机构，喷嘴的功用是将水流能量全部转换成动能，然后喷射到转轮上，并通过喷针的往复移动，改变流量，调节出力，直至全部截断水流停机。喷针控制机构是一个简单的接力器，可根据功率的变化而移动喷针以调节流量。

②转轮。转轮是用来将水流的动能转换成水轮机轴上的旋转机械能。而转轮是在转盘的四周固定有一系列等距排列的斗叶。

③折向器。折向器位于喷嘴与转轮之间，并能阻隔射流，用来解决减负荷时，机组转速上升过高和突然关闭引起的引水管道压力上升过高。

④机壳。机壳用来将工作完了的水流引向下游，防止飞溅到主厂房，并用来支撑水轮机轴承。

（二）发电机

发电机主要是水轮发电机，水轮发电机是水电站最重要的两大主机设备之一，它的作用是把机械能转变为电能。

1. 主要组成和结构特点

水轮发电机一般由转子、定子、上机架、下机架、推力轴承、导轴承、空气冷却器、励磁机和永磁机等主要部件组成。其中转子和定子是产生电磁作用的主要部件，其他部件仅起到支持和辅助作用。转子由主轴、转子支架、磁轭（轮环）和磁极等部件组成；定子由机座、铁芯和绕组等部件组成。

由于水电站的水头有限，水压力小，故转速不可能很高，一般在 $100\sim1000\,\mathrm{r/min}$。与汽轮发电机相比，它的转速较低，要获得 $50\mathrm{Hz}$ 频率的电能，发电机转子的磁极也较多。

同时，为了避免产生几倍于正常水压的水击现象而要求导叶的关闭时间比较长，但又要防止机组转速上长过高，因此要求转子具有较大的重量和结构尺寸，使之有较大的惯性。

此外，为了减少占地面积，降低厂房造价，大、中型水轮发电机一般采用立轴。

总之，水轮发电机的特点是转速低、磁极多、转子为凸极式，结构尺寸和重量都较大，大、中型机组多采用立式。

2. 同步发电机的工作原理

转子转动—转子中由励磁电流产生的按正弦分布的旋转磁场切割定子三相对称绕组—定子三相绕组中产生三相正弦交变电动势—定子三相绕组与负载连通后，电路在电动势的作用下有电流通过—向负载输出电能。

第三节　风力发电系统

风能是当今社会中最具竞争力，最有发展前景的一种可再生能源，将风能应用于发电（风力发电）则是目前能源供应中发挥重要作用的一项新技术。研究风力发电技术对我国大型风力发电机组国产化及推动我国风力发电事业的不断发展有着重要意义。

一、风力发电的基本原理

风力发电机的原理是将风能转换为机械能的动力机械，又称"风车"。广义上来说，它是一种以太阳为热源，以大气为工作介质的热能利用发动机。风力发电利用的是自然能源。相对柴油发电要好得多。但是若应急来用的话，还是不如柴油发电机。风力发电不可视为备用电源，但是可以长期利用。

风力发电的原理是利用风力带动风车叶片旋转，再透过增速机将旋转的速度提升，促使发电机发电。依据目前的风车技术，大约是3m/s的微风速度（微风的程度），便可以发电。风力发电正在世界上形成一股热潮，因为风力发电没有燃料问题，也不会产生辐射或空气污染。风力发电在芬兰、丹麦等国家很流行，我国目前也在西部地区大力提倡。小型风力发电系统效率很高，风力发电机由机头、转体、尾翼、叶片组成。它的每一个部分都很重要，各部分的功能为：叶片用来接受风力并通过机头转为动能；尾翼使叶片始终对着风的方向从而获得最大的风能；转体能使机头灵活地转动以实现尾翼调整方向的功能；机头的转子是永磁体，定子绕组切割磁力线产生电能。风力发电机因风量不稳定，故其输出的是13~25V变化的交流电，须经过充电器整流，再对蓄电瓶充电，使风力发电机产生的电量变成化学能。然后用有保护电路的逆变电源，把电瓶里的化学能转变成交流220V，才能保证稳定使用。

风能具有一定的动能，通过风轮将风能转化为机械能，拖动发电机发电。风力发电的原理是利用风带动风车叶片旋转，再通过增速器将旋转的速度提高促使发电机发电。依据目前的风车技术，大约3m/s的微风速度便可以开始发电。风力发电的原理是最简单的，风力发电机可由叶片和发电机两部分构成。空气流动的动能作用在叶轮上，将动能转换成机械能，从而推动叶片旋转，如果将叶轮的转轴与发电机的转轴相连就会带动发电机发出电来。

二、风力发电的特点

1. 可再生的洁净能源

风力发电是一种可再生的洁净能源，不消耗化石资源也不污染环境。这是火力发电所无法比拟的优点。

2. 建设周期短

一个十兆瓦级的风电场建设期不到一年。

3. 装机规模灵活

可根据资金情况决定一次装机规模，有一台资金就可以安装一台，投产一台。

4. 可靠性高

把现代高科技应用于风力发电机组使其发电可靠性大大提高，中、大型风力发电机组可靠性从 20 世纪 80 年代的 50% 提高到了 98%，高于火力发电且机组寿命可达 20 年。

5. 造价低

从国外建成的风力场看，单位千瓦造价和单位千瓦时电价都低于火力发电，和常规能源发电相比具有竞争力。我国由于中、大型风力发电机组全部从国外引进，造价和电价相比火力发电高，但随着大、中型风力发电机组实现国产化，在不久的将来风力发电的造价和电价都将低于火力发电。

6. 运行维护简单

现在中型风力发电机的自动化水平很高，完全可以在无人值守的情况下正常工作，只需定期进行必要的维护，不存在火力发电的大修问题。

7. 实际占地面积小

发电机组与监控、变电等建筑仅占火电厂1%的土地，其余场地仍可供农、牧、渔使用。

8. 发电方式多样化

风力发电既可并网运行，也可以和其他能源，如柴油发电、太阳能发电、水利发电机组形成互补系统，还可以独立运行，因此其对解决边远地区的用电问题提供了现实可行性。

9. 单机容量小

由于风能密度低决定了单台风力发电机组容量不可能大，现在的火力发电机组和核电机组无法相比。另外，风况是不稳定的，有时又有破坏性的大风，这都是风力发电必须解决的实际问题。

三、风力发电机

（一）风力发电机的分类

风力发电机多种多样，但归纳起来可分为两类：水平轴风力发电机，风轮的旋转轴与风向平行；垂直轴风力发电机，风轮的旋转轴垂直于地面或者气流方向。

1. 水平轴风力发电机（Horizontal Axis Wind Turbine）

风力发电机一般有风轮、发电机（包括装置）、塔架、机舱（机座）、调向器（尾翼）、限速安全机构和储能装置等构件组成。风力发电机的工作原理比较简单，风轮在风力的作用下旋转，它把风的动能转变为风轮轴的机械能。发电机在风轮轴的带动下旋转发电。

风轮是集风装置，它的作用是把流动空气具有的动能转变为风轮旋转的机械能。一般来说，它主要由叶片和轮毂组成，风力发电机的风轮由 2 个或 3 个叶片构成。

风力发电机的作用是将风能最终变成电能而输出，已采用的发电机有三种，即直流发电机、同步交流发电机和异步交流发电机。

风力发电机中调向器的功能是使风力发电机的风轮随时都迎着风向，从而能最大限度地获取风能。一般风力发电机几乎全部是利用尾翼来控制风轮的迎风方向的。尾翼的材料通常采用镀锌薄钢板。

限速安全机构是用来保证风力发电机的运行安全的。限速安全机构的设置可以使风力发电机风轮的转速在一定的风速范围内保持基本不变。

塔架是风力发电机的支撑机构，稍大的风力发电机塔架一般采用由角钢或圆钢组成的桁架结构。

风力机的输出功率与风速的大小有关。由于自然界的风速是极不稳定的，风力发电机的输出功率也极不稳定。风力发电机发出的电能一般是不能直接用在电器上的，先要储存起来。目前风力发电机用的蓄电池多为铅酸蓄电池。

2. 垂直轴风力发电机（Vertical Axis Wind Turbine）

垂直轴风力发电机在风向改变时无须对风，在这点上相对于水平轴风力发电机是一大优势。它不仅使结构设计简化了。也减少了风轮对风时的陀螺力。另外，在同样的功率下，垂直轴风力发电机的额定风速较现有水平轴风力发电机要小，并且它在低风速运转时发电量也较大。垂直轴风力发电机从分类上来说，主要分为阻力型和升力型。阻力型垂直轴风力发电机主要是利用空气流过叶片产生的阻力作为驱动力，而升力型则是利用空气流过叶片产生的升力作为驱动力。由于叶片在旋转过程中，随着转速的增加阻力急剧减小，而升力反而会增大，所以升力型的垂直轴风力发电机的效率要比阻力型的高很多。

（1）垂直轴风力发电机（S 型）工作原理

垂直轴风力发电机，是一种将风能转变为机械能，再转变为电能的低转速风力发电机。利用风力发电，向蓄电池充电蓄存电能。垂直轴风力发电机采用的永磁悬浮技术两用型风机的专利技术，采用低风速启动，无噪声，堪称无声风力发电机。比同类型风力发电机效率高 10%~30%。它普遍适用于风能条件好，远离电网，或电网不正常的地区，供给照明、电视机、探照灯、放像、通信设备和电动工具用电。

（2）H 型垂直轴风力发电机的技术原理

该技术采用空气动力学原理，针对垂直轴旋转的风洞模拟，叶片选用了飞机翼形形状，在风轮旋转时，它不会因变形而改变效率等；它用垂直直线 4~5 个叶片组成，由四角形或五角形形状的轮毂固定、连接叶片的连杆组成的风轮，由风轮带动稀土永磁发电机发电送往控制器进行控制，输配负载所用的电能。

（3）垂直轴风力发电机的特点

①安全性。采用了垂直叶片和三角形双支点设计，并且主要受力点集中于轮毂，因此叶片脱落、断裂和叶片飞出等问题得到了较好的解决。

②噪声。采用了水平面旋转以及叶片应用飞机机翼原理设计，使得噪声降低到在自然环境下测量不到的程度。

③抗风能力。水平旋转和三角形双支点设计原理，使得它受风压力小，可以抵抗45m/s的超强台风。

④回转半径。由于其设计结构和运转原理的不同，比其他形式风力发电具有更小的回转半径，节省了空间，同时提高了效率。

⑤发电曲线特性。启动风速低于其他形式的风力发电机，发电功率的上升幅度较平缓，因此在5~8米风速范围内，它的发电量较其他类型的风力发电机高10%~30%。

⑥利用风速范围。采用了特殊的控制原理，使它的适合运行风速范围扩大2.5~25m/s，在最大限度利用风力资源的同时获得了更大的发电总量，提高了风电设备使用的经济性。

⑦刹车装置。可配置机械手动和电子自动刹车两种，在无台风和超强阵风的地区，仅需设置手动刹车即可。

⑧运行维护。采用直驱式永磁发电机，无须齿轮箱和转向机构，定期（一般每半年）对运转部件的连接进行检查即可。

（二）风力发电机结构

1.机舱：机舱有风力发电机的关键设备，包括齿轮箱、发电机。维护人员可以通过风力发电机塔进入机舱。机舱左端是风力发电机转子，即转子叶片及轴。

2.转子叶片：捉获风，并将风力传送到转子轴心。现代600千瓦风力的发电机上，每个转子叶片的测量长度大约为20m，而且被设计得很像飞机的机翼。

3.轴心：转子轴心附着在风力发电机的低速轴上。

4.低速轴：风力发电机的低速轴将转子轴心与齿轮箱连接在一起。在现代600千瓦风力的发电机上，转子转速相当慢，为19~30转每分钟。轴中有用于液压系统的导管，来激发空气动力闸的运行。

5.齿轮箱：齿轮箱左边是低速轴，它可以将高速轴的转速提高至低速轴的50倍。

6.高速轴及其机械闸：高速轴以1500r/min的速度运转，并驱动发电机。它装备有紧急机械闸，用于空气动力闸失效时，或风力发电机被维修时。

7.发电机：通常被称为感应电机或异步发电机。在现代风力发电机上，最大电力输出通常为500~1500kW。

8.偏航装置：借助电动机转动机舱，以使转子正对着风。偏航装置由电子控制器操作，电子控制器可以通过风向标来感觉风向。通常在风改变其方向时，风力发电机一次只会偏转几度。

9.电子控制器：包含一台不断监控风力发电机状态的计算机，并控制偏航装置。为防止任何故障（齿轮箱或发电机的过热），该控制器可以自动停止风力发电机的转动，并通过电话调制解调器来呼叫风力发电机操作员。

10. 液压系统：用于重置风力发电机的空气动力闸。

11. 塔架：风力发电机塔载有机舱及转子。通常高的塔具有优势，因为离地面越高，风速越大。现代 600 千瓦风汽轮机的塔高为 40~60m。它可以为管状的塔，也可以是格子状的塔。管状的塔对于维修人员更为安全，因为他们可以通过内部的梯子到达塔顶。格状的塔的优点在于它比较便宜。

12. 风速计及风向标：用于测量风速及风向。

（三）风力发电机的原理

漆包铜线绕成线圈，用永久磁铁产生磁场，线圈在磁场中旋转，切割磁力线产生电动势，线圈转得越快，切割磁力线的速度就越高，产生的电压也越高，对外电路提供的功率就越大。线圈和磁铁相对旋转的动力来源于风轮，通过风轮和发电机就可以将风的能量转变成电能。

四、我国风电的发展现状及趋势

（一）我国风电的发展现状

我国幅员辽阔，风能资源十分丰富，尤其在东南沿海、西北、华北北部、东北等地区都储藏着丰富的风能资源。由于地势等各种客观因素的影响，西北地区长期以来存在着发展落后和能源短缺等问题，严重影响了当地人民的生活水平，风电的发展为他们带来了新的发展机遇，因地制宜进行风力发电厂的开发成为大势所趋。作为风能最广泛的利用形式，风电技术正朝着大容量、低功耗、高效率的方向发展。自 20 世纪 90 年代以来，我国一直坚持着稳固的风电发展政策。但是，大多数的兆瓦级以上机组要依靠进口，这种情况制约了风电技术的国有化进程。我国正在引用和学习发达国家先进的风力发电技术，加紧实现自主开发、自主设计和自主制造大型风力机的技术。在不断的研究和创新中，我国研制出了 600kW、750kW 和 1MW、1.5MW、3MW、6MW 的风力发电机组。

在我国政府的大力支持下，尽管我国大力推广风电的时间比较晚，离发达国家还有一定的距离，但是每年新增和累计装机容量越来越高，风力发电厂的建设也进入了一个新的阶段；同时，风电系统正朝单机大容量的方向前进。从 20 世纪 80 年代中期小型机组投运以来，单机容量越来越高；自 21 世纪以来，兆瓦级机组无论从新增容量还是累计容量来讲都在稳步上升；2005 年兆瓦级新增机组容量占到了当年新增容量的 21.5%；2009 年上升到了 86.86%。

目前，我国风电依然呈快速发展的形势，截至 2012 年上半年，我国风电累计并网容量为 5572kW。其中，内蒙古风电并网容量突破 1500kW，领跑全国；河北、甘肃、山东、黑龙江、江苏、新疆、山西、广东、福建等省区并网容量也均超过了 100 万 kW，截至

2012 年年底，我国海上风电并网装机容量超过 30 万 kW，仅次于英国和丹麦。

2012 年我国新增装机 1296 万 kW，相比 2011 年降低了 26%；2013 年我国对风能采取的措施是有效地发展风电，稳步地发展海上风电。鼓励风电设备企业加强关键技术研发，加快风电产业技术升级。通过加强电网建设，改进电网调度水平，提高风电设备性能，加强风电预测预报等途径，提高电力系统消纳风电的能力。2015 年，我国风电装机已突破 1 亿 kW，其中海上风电装机达到 500 万 kW。

伴随着风电产业的快速发展，在政府和电力企业的共同努力下，风电发展取得了显著的进展。但任何事物都不是一帆风顺的，也伴随着相应的矛盾。首先，阻碍风力发电发展的首要问题是大规模的风电并网问题。由于风的不稳定性，风波动时会对电网形成很大的冲击，也伴随着大量的谐波，同时面临着低电压穿越的问题，安全性承受着考验。其次，风电技术装备水平不够高，创新能力欠缺。我国所产生的风电配套产品基本能满足市场需求，但对风机的轴承、变流器等核心技术的开发仍主要依靠进口。再次，风电厂的建设和治理经验不足，这需要我们在今后的风电发展中继续努力。

（二）风力发电的未来发展趋势

1. 叶尖速度的个性化设计。风机的叶尖速度是转速和叶片半径的乘积。噪声会随着叶尖速度的增加而急速加大，因此较高叶尖速度的风力发电机比低叶尖速度的风力发电机噪声要大得多。对于陆地市场来说，噪声是一个主要限制。海上风力发电厂对噪声的敏感度较小，海上风力发电厂风力发电机的叶尖速度比陆地风力发电厂风力发电机的叶尖速度增大 10%~30%。

2. 变桨和变速更具发展优势。变桨距调节是大型风力发电机的最佳选择。因为变桨距调节提供了较好的输出功率质量，并且每一片叶片调节器的独立调桨技术允许叶片可以被认为是两个独立的制动系统。通过控制发电机的转速，能使风力发电机的叶尖速度接近最佳值，从而最大限度地利用风能，提高风力发电机的运行效率。

3. 其他新的发电机配置模式也已经陆续研发出来，包括开关磁阻电机。

4. 直接驱动和混合驱动技术的市场份额迅速扩大。齿轮传动不仅会降低风电转换效率，而且产生噪声，是造成机械故障的主要原因，为减少机械磨损需要润滑清洗等定期维护。采用无齿轮箱的直驱方式虽然提高了电机的设计成本，但也提高了系统的效率以及运行可靠性。自 Wind-wind 的混合驱动技术风力发电机问世以来，以其独特的设计理念，冲击着传统的市场，其市场份额在不断扩大。

5. 海上风电悄然兴起。海上风力发电厂是国际风电发展的新领域。开发海上风力发电厂的主要原因是海上风速更高且更易预测，发展海上风力发电厂已成为风力发电行业新的应用领域。丹麦、德国、西班牙、瑞典等国家都在计划较大的海上风力发电厂项目。海上风速较陆地大且稳定，一般陆地风力发电厂平均设备利用小时数为 2000h，好的为 2600h，在海上则可达 3000h。为便于浮吊的施工，海上风力发电厂一般建造在水深为 3~8m 处。同容量装机，海上比陆地成本增加 60%（海上基础占 23%、线路占 20%；陆地仅各占 5% 左右），电量增加 50% 以上。

6. 风力发电机制造技术在发生变革。10MW 风机已经面世，更高功率的风力发电机也在研制中。专家们预言，2020 年将会有 20MW、30MW 乃至 40MW 的风力发电机面世。风力发电机的制造技术已开始由造机器向造电站方向转化。

7. 产业集中是总的趋势。2009 年，世界排名前十位的风电机组制造业占据了全球78.7% 的市场份额。

8. 水平轴风电机组技术成为主流。水平轴风电机组技术因其具有风能转换效率高，转轴较短，在大型风电机组上更显经济性等优点，使水平轴风电机组成为世界风电发展的主流机型，并占到了 95% 以上的市场份额。

五、风力发电并网

（一）并网后需要关注的主要问题

1. 电能质量

根据国家标准，对电能质量的要求有五个方面：电网高次谐波，电压闪变及电压波动、三相电压及电流不平衡、电压偏差、频率偏差。风力发电机组对电网产生的影响主要有高次谐波、电压闪变及电压波动。

2. 电压闪变

风力发电机组大多采用软并网方式，但是在启动时仍然会产生较大的冲击电流。当风速超过切出风速时，风机会从额定功率状态自动退出运行。如果整个风力发电厂所有风机几乎同时动作，这种冲击对配电网的影响十分明显，容易造成电压闪变及电压波动。

3. 谐波污染

风电给系统带来谐波的途径主要有两种：一种是风机本身配备的电力电子装置可能带来谐波问题。对于直接和电网相连的恒速风机，软启动阶段要通过电力电子装置与电网相连，因此会产生一定的谐波，不过过程很短。对于变速风机是通过整流和逆变装置接入的系统，如果电力电子装置的切换频率恰好在产生谐波的范围内，则会产生很严重的谐波问题，不过随着电力电子器件的不断改进，这个问题也在逐步得到解决。另一种是风机的并联补偿电容器可能和线路电抗发生谐振，在实际运行中，曾经观测到在风力发电厂出口变压器的低压侧产生大量谐波的现象。当然与闪变问题相比，风电并网带来的谐波问题并不是很严重。

4. 电网稳定性

在风电领域，经常遇到的难题是：薄弱的电网短路容量，电网电压的波动和风力发电机的频繁掉线。尤其是越来越多的大型风力发电机组并网后，对电网的影响更大。在过去的 20 年间，风力发电厂的主要特点是采用感应发电机，装机规模小，与配电网直接相连，对系统的影响主要表现为电能质量。随着电力电子技术的发展，大量新型大容量风力发电机组开始投入运行，风力发电机装机达到可以和常规机组相比的规模，直接接入输电网，与风力发电厂并网有关的电压、无功控制、有功调度、静态稳定和动态稳定等问题越来越突出。这需要对电力系统的稳定性进行计算、评估。要根据电网结构、负荷情况，决定最大的发电量和系统在发生故障时的稳定性。国内外对电网的稳定性都非常重视，开展了不少关于风电并网运行与控制技术方面的研究。

风力发电厂大多采用感应发电机，需要系统提供无功支持，否则有可能导致小型电网的电压失稳。采用异步发电机，除非采取必要的预防措施，如动态无功补偿，否则会造成线损增加，送电距离远的末端客户电压降低。电网稳定性降低，发生三相接地故障时，将导致全网的电压崩溃。由于大型电网具有足够的备用容量和调节能力，一般不必考虑风电进入引起的频率稳定性问题。但是对于孤立运行的小型电网，风电带来的频率偏移和稳定性问题是不容忽视的。

由于变频技术的发展，可以利用"交—直—交"的变频调节装置的控制功能，根据电网采集到的线路电压波动的情况、功率因数的状况等和电网的要求来调节和控制变频装置的频率、相位角和幅值，使之达到调节电网的功率因数，为弱电网提供无功能量的要求。

5. 发电计划与调度

传统的发电计划基于电源的可靠性以及负荷的可预测性，以这两点为基础，发电计划的制订和实施有了可靠的保证。但是，如果系统内含有风力发电厂，因为风力发电厂处理的预测水平还达不到工程使用的程度，所以发电计划的制订就会变得困难起来。如果把风力发电厂看作负的负荷，不具有可预测性；如果把它看作电源，则可靠性没有保证。正因为如此，有必要对含风力发电厂电力系统的运行计划进行研究。风力发电并网以后，如果电力系统的运行方式不相应地做出调整和优化，系统的动态响应将不足以跟踪风电功率大幅度、高频率的波动，系统的电能质量和动态稳定下降受到显著影响，这些因素反过来会限制系统准入的风电功率水平，因此有必要对电力系统传统的运行方式和控制手段做出适当的改进和调整，研究随机的发电计划算法，以便正确考虑风电的随机性和间歇性特性。

（二）含风电的电网模型的建立及求解方法

1. 系统模型

计及风力发电厂的电力系统潮流计算，其关键在于风力发电厂模型的建立。针对不同类型的风力发电厂，应当建立相应的潮流计算模型。

（1）普通异步风力机风力发电厂

现有的风力发电厂潮流计算模型多是针对普通异步风力发电机建立的。由于异步风力发电机在发出有功功率的同时要消耗无功功率，而风速大小决定其有功功率输出量，消耗的无功功率取决于风力发电厂并网点母线电压水平。针对普通异步机风力发电厂的这一特点，风力发电厂模型可分为两大类：PQ 模型和 RX 模型。

PQ 模型是根据风力发电厂的有功功率和给定的功率因数，估算风力发电厂的无功功率，然后作为普通 PQ 节点加入潮流计算。RX 模型是把异步发电机的滑差 s 表示为有功功率和机端电压的函数，依据给定的初始风速和滑差，根据等值异步机电路得到等值异步机阻抗 $Z=R+jX$，将发电机当作阻抗型负荷并网进行潮流计算，得到发电机电磁功率。此外依据风速量等对风力机机械功率进行计算，得出两功率差值，依此修正滑差，通过迭代计算最终计算得到风力机机械功率和发电机电磁功率平衡。

（2）双馈感应发电机风力发电厂

对于双馈感应发电机，风速决定其有功功率的输出量，而无功功率的大小则取决于机组的运行控制方式。恒功率因数控制、恒电压控制在潮流计算中，不同控制方式下双馈机组成的风力发电厂可以看作是 PQ 节点或 PV 节点，但由于双馈机组功率组成的复杂性，也不能简单处理。

双馈感应发电机注入电网的有功功率由两部分组成：定子绕组发出的有功功率，转子绕组发出或吸收的有功功率；其无功功率也由两部分组成：定子侧发出或吸收的无功功率和变流器在发电机定子侧整流器（逆变器）发出或吸收的无功功率。

恒功率因数控制方式下，定子侧输出功率因数保持为恒定值，通过定子有功功率计算无功功率，进行相应处理后，可将风力发电厂母线看作 PQ 节点。恒电压控制方式下，可将风力发电厂母线看作 PV 节点，考虑定子侧无功功率受转子绕组、定子绕组以及变流器最大电流的限制，在无功功率越限时，节点性质由 PV 节点转换为 PQ 节点。

2. 求解方法

潮流计算是指根据给定的电网结构、参数和发电机、负荷等元件的运行条件，确定电力系统各部分稳态运行状态的参数。通常给定的运行条件有系统中各电源和负荷节点的功率、枢纽点电压、平衡节点电压和相角。待求的运行状态参数包括各母线节点电压幅值和相角以及各支路功率分布及损耗等。

潮流计算是研究电力系统最基本的一种电气计算。电力系统稳定计算、故障分析以及系统规划都以潮流计算为基础。目前，潮流计算最成熟的算法主要有牛顿法和 PQ 分解法两种。

普通异步发电机由于本身没有励磁调节，建立磁场需要消耗无功功率，且不能进行电压调节，因此不能将其看作 PV 节点。普通异步发电机在运行时，发出有功功率，消耗无功功率，为此通常要在出线端附近安装无功补偿装置；而机组消耗无功功率的大小与机端电压、发生有功功率的大小以及滑差率相关联，因此也不能把它简单看作 PQ 节点。

双馈感应发电机组采用变频器进行控制，其有功功率与无功功率可实现解耦控制，实际运行中均可控。运行时，根据双馈感应风电机组控制方式的不同可将其近似看作 PQ 节点或 PV 节点。

六、风力发电系统电压稳定性分析

（一）影响风力发电系统电压稳定性的主要因素

1. 影响稳态电压稳定性的因素

在传统的稳态电压稳定性方面的研究中，最明显的就是电压的变化，由于电压的相角一般是近似不变的，因此电压幅值的偏离就成了最明显的特征。影响稳态电压稳定性的因素有很多，如风力发电厂装机容量大小、接入电网电压等级、接入电网位置等，这些方面都会对接入地区电网的电压稳定性带来不同程度的影响。

2. 影响暂态电压稳定性的因素

暂态电压稳定性研究的是受扰动后整个系统的电压稳定性问题。影响暂态电压稳定性的因素较多，其中以短路故障的扰动最为严重和典型，常被用作检验系统是否有暂态稳定性的条件。因此，通过对短路故障的位置和类型进行研究，就可以了解风电接入电网对并网点的电压暂态稳定性的影响。

风力发电系统在外部故障时的暂态稳定性取决于许多因素，如故障条件和网络参数。不同的网络参数和故障条件导致不同的故障情况，下面对外部的影响因素进行分析。

（1）电网的强弱。电网的强弱可以用电力发电接入点的短路容量来表示，一个系统某点的短路容量是指该点的三相短路电流与额定电压的乘积，是系统电压强度的标志。短路容量大，表明网络强，负荷、并联电容器或电抗器的投切不会引起电压幅值大的变化；相反，短路容量小，则表明网络弱。可用短路容量与风力发电厂容量的比值来区分风电接入的系统是"强电网"还是"弱电网"。

电力系统中电压变化与短路容量的关系为：

$$\Delta U / U \propto Q / Ssc$$

式中，Ssc——短路容量。

从上式可以看出，短路容量大，有扰动引发的电压变化量就小，易于扰动后的电压恢复。大型风力发电厂接入强电网时，在发生三相短路故障后，即使没有动态无功补偿，电压也会恢复，而其在强电网中一般不会发生电压崩溃，而是易发生过电压。另外，风力发电厂接入电网，有利于变风速风力发电机转子逆变器的快速恢复，以便进行无功和电压的控制。大规模风力发电厂接入弱电网时，若发生不可控的电压降落，由于缺乏足够的动态无功补偿，则会有电压崩溃的危险。

（2）X/R 的比值。对于 X/R 比值低的线路，分布式发电系统需要用有功功率来进行有效电压控制；对于 X/R 比值较高的线路，要依靠无功功率来改善电压状况。在风力发电机系统中，风能是一个不可预测的能源，有功功率会随风速的变化而不断变化，如果风力发电厂与电网连接线路的 X/R 比值比较低，那么在风速波动较大的情况下，会使电网电压有较大幅度的波动，严重时将会危及系统的电压稳定性；而在 X/R 比值较高的线路上，可以装设无功补偿设备来抵消随风速变化的有功功率引起的电压波动。因此，选择合适的线路 X/R 比值有利于风能并网系统的电网稳定性。

（二）防控措施

风力发电厂并网引起的电压稳定性的问题主要是由风电并网运行时系统的有功和无功不平衡造成的。特别是无功的不平衡将直接导致电压不稳定，下面就详细讲解一下适合风电的电压稳定调剂措施。

1. 无功电器的选择

同步发电机是系统中主要的无功电源，但仅依靠同步发电机输出的无功功率来调节风力发电厂无功和电压并不是非常合适的。降低电压偏差需要尽量高的电压分布和少的无功传输，对于通常接入电网末梢的风力发电厂，这增大了无功潮流的要求，也增加了损耗，二期输电系统中间点的电压也得不到加强；而静止同步补偿器由于价钱和生产条件等因素的限制，目前也并不是特别适合于风力发电厂的无功补偿。

目前运行的风力发电厂主要使用集中补偿电容器组并联电容器（电抗器）组作为无功电源，由运行人员根据系统无功电压情况来手动投切并联电容器（电抗器）组。在无功电压问题并不明显或不复杂的地区，手动投切并联电容器（电抗器）组是廉价且可靠地解决方案。

风力发电厂无功补偿还可以采用 SVC（静止无功补偿器）装置，目前已有相关的使用记录。但其主要是为了解决故障后可能带来的暂态稳定性问题，作为系统正常运行中风力发电厂无功补偿设备，目前并未有使用实例。考虑到一个地区可能有多个风力发电厂或者电网运行方式较为复杂带来的无功问题，SVC 装置的调节快、输出平滑的优势便很明显。若不计成本，即使在暂态稳定性没有问题的情况下，也不失为一种好的选择。

另外，对于大规模风电汇集接入的变电站，可以考虑采用加装感性补偿措施，平衡线路充电功率，增强电压调剂手段，如加装固定容量电抗器或可调节功率的电抗器。

对于大规模的风电基地，应对无功进行整体优化配置，以满足风电基地为最大输出和最小输出时电网电压在合格范围内的要求。无功整体优化控制就是将风电基地的风力发电厂变电站和汇集站内的并联电容器组、电抗器组、静止无功补偿装置等所有无功补偿设备按照预定的策略统一协调控制，使地区电压波动满足国标要求，最终实现电网的安全稳定运行。

2. 系统调压的应用

同步发电机调压简单经济，应该充分利用。但考虑到风力发电厂接入电网的位置以及同步发电机需要照顾近处的负荷等特点，一般情况下，只依靠同步发电机来调解电网电压并不能完全解决风力发电厂引起的电压偏差问题。

在电网中无功功率充裕的情况下，改变有载调压变压器变比的方法，对调节变压器低压侧电压是十分有效的方法。风力发电厂中的风电机组所发出的电能要通过升压变压器送入电网，在保证风力发电厂无功充足的情况下，通过调节变比来调节风力发电厂升压变压器低压侧的办法是可行的。

在风力发电厂规划的过程中，应该充分考虑电网送电线路的选型问题，尽量降低线路上无功电压的损失。造成风力发电厂电压偏差的主要原因是其在连续运行过程中对无功的需求，而串联电容器组补偿的方法的主要目的则是提高输送能力和暂态稳定性。此外，考虑到串联电容补偿的价格和可能带来的负面影响，串联电容器组补偿的方式并不适合风力发电厂的电压调节。

第四节　光伏发电系统

进入 21 世纪，人类面临着实现经济和社会可持续发展的重大挑战，而能源问题日益严重。太阳能被看作是最具有代表性的新能源和可再生能源。因此，光伏发电系统对解决能源问题起到了非常积极的作用，近年来发展迅速。太阳能发电包括光伏发电、光化学发电、光感应发电和光生物发电，所以光伏发电只是太阳能发电的其中一种。

一、太阳能的应用及特点

世界经济的快速发展，与化石能源息息相关，能源是人类社会存在和发展的重要物质基础。能量遵循守恒定律，它不会产生也不会消失，只能从一种形式转化为另一种形式。在经济快速发展的 21 世纪，能源却在迅速枯竭。工业生产对化石能源需求量的日益增加与其储存的逐渐减少所引起的结构性矛盾日益成为能源安全所面临的最大难题。根据社会经济学家和科学家们对形势的估计，全球石油储量有 1000 亿至 1500 亿吨，以 1995 年的年开采量 33.2 亿吨估算，石油将在 21 世纪中叶全部用完。天然气储备在 13 万兆至 15 万兆立方米范围内。如果假设年开采量恒定在 2300Mcm^3，也将在 60 年左右内全部用完。煤炭是传统化石能源里存储量较多的，全球约有 5600 亿吨。若煤炭的年开采量，按照 1995 年统计的 33 亿吨计算，大约还可以维持 169 年。如果那个时候新的能源体系尚未建立，能源危机将席卷全球，而且越是依赖于化石资源的国家，受害就越严重。能源的供应不足，必然引起经济的大幅衰退和各国之间的冲突。近 10 年来，因为化石能源而频繁引发的战争就是证明，每一次战争都会牵扯到能源的重新分配。如果不从根本上解决能源问题，这种全球性质的战略冲突，今后还会发生。总而言之，能源危机一触即发。

我国技术可开发能源蕴藏量见表 2-4-1。由表 2-4-1 可以看出，即使将太阳能以外的所有可再生能源加在一起，也不能满足我国未来对太阳能的需求。太阳能作为清洁的可再生能源即将代替常规能源，成为拯救经济发展的“救星”。

表 2-4-1　我国可开发资源蕴藏量

技术可开发资源种类	蕴藏量
生物质能（年产量）	10.0 亿吨标准煤
水能	5.4 亿千瓦
风能	陆上和近海总计 7 亿~12 亿千瓦
太阳能	960 万平方公里接收太阳辐射能 17000 亿吨标准煤

目前我国正在工业化和城市化的加速阶段，经济发展带来的一系列的能源问题和环境问题，正严重威胁着我国经济的可持续发展，资源有效利用与经济发展、环境污染与国民生活质量之间的协调发展是我国现阶段需要合理处理的事情。这些都在提醒我国政府加大改革力度，在合理利用已有资源的基础上，"政府支持"尽快开发新能源，实现"绿色循环体系"。

太阳能具有以下明显的优点：

（1）能源清洁。太阳能不会对环境产生负面影响，不会像燃烧化石能源那样，向大气排放大量废气和颗粒物，造成雾霾天气和燃料废渣的大量堆积，影响环境质量。

（2）能量之"不竭"。太阳光是个源源不断的可再生能量，在人类出现之前就在发光发热，给地球带来光明，据科学家的推断，太阳至少还有 40 多亿年的寿命。

（3）能源"随处可得"。太阳能基本上不受地域限制，有光照的地方就有太阳能；可就近供电，不必长距离输送，避免了输电线路上的电能损失，而且能提高整个能源系统的安全性和可靠性。

（4）发展前景好。随着能源危机的越演越烈，世界各国都在着力开发新能源；随着研究的深入和科学技术的进步，光伏发电装置的转换效率会越来越高，而且太阳能的开发和利用只需要装置和技术的支持，不需要能源成本，因此具有很好的经济性。

这些优势使得光伏产业具有巨大的发展潜力，但是其能量密度低、容易受气象条件影响的缺点使得太阳能的综合利用受到了一定程度的限制。为了更好地利用太阳能，对光伏发电系统的研究具有深远意义。

二、光伏发电系统

20 世纪 90 年代以来是我国太阳能光伏发电快速发展的时期，在这一时期我国光伏组件生产能力逐年增强，成本不断降低，市场不断扩大，装机容量逐年增加，2004 年累计容量达 35MW，约占世界份额的 3%。10 多年来，我国太阳能光伏产业长期平均维持了全球市场 1% 左右的份额。2020 年年前，我国太阳能光伏发电产业将会得到不断的完善和发展，成本将不断下降，太阳能光伏发电市场将发生巨大的变化。其中，2005—2010 年，我国的太阳能电池主要用于独立光伏发电系统，发电成本 2010 年约为 1.20 元/（kW·h）；2010—2020 年，太阳能光伏发电将会由独立光伏发电系统转向并网发电系统，发电成本到 2020 年将约为 0.60 元/（kW·h）。到 2020 年，我国太阳能光伏产业的技术水平有望达到世界先进列。

目前太阳能利用的方式有：太阳能光伏发电、太阳能热利用、太阳能动力利用、太阳能光化利用、太阳能生物利用和太阳能光利用。其中太阳能光伏发电以其优异的特性近年来在世界范围内得到了快速发展，被认为是当前具有发展前景的新能源技术，各发达国家均投入巨资竞相研究开发，并产业化进程，大力开拓太阳能光伏发电的市场应用。

太阳能光伏发电是利用太阳能电池将太阳光能转化为电能的一种发电方式。太阳能电池单元是光电转化的最小单位，将太阳能电池单元进行串并联可以做成太阳能电池组件，其功率一般为几瓦到几百瓦。这种太阳能电池组件可以单独作为电源使用的最小单元，可以将太阳能电池组件进行进一步的串并联，构成太阳能电池方阵，以满足负载所需要的功率输出。

太阳能光伏发电之所以发展如此迅速，是因为其具有以下优点：

（1）取之不尽，用之不竭。地球表面所接受的太阳能约为 1.07×10^{14} gWh/年，是全球能量年需求量的 35000 倍，可以说是一种无限的资源。

（2）无污染。光伏发电本身不消耗工质，不向外界排放废物，无转动部件，不产生噪声，是一种理想的清洁能源。

（3）资源分布广泛。不同于水电受水力资源限制，火电受煤炭资源及运输成本等影响，光伏发电几乎不受地域的限制，理论上讲在任何可以得到太阳能的地方都可以利用太阳能进行发电。

（4）建设周期短，建造灵活方便，运行维护费用低。光伏发电系统可以按照需要将光伏组件灵活地串并联，达到所需功率，所以其建设周期短，扩容方便；安装于房顶、沙漠，还可与建筑相结合，从而节约了占地面积，节省了安装成本；太阳能光伏发电所消耗的太阳能无须付费，一年中往往只需在遇到连续阴雨天最长的季节前后去检查太阳能电池组件表面是否被污染、接线是否可靠以及蓄电池电压是否正常等，因而太阳能光伏发电的运行费用很低。

（5）光伏建筑集成。光伏产品与建筑材料集成是目前国际上研究及发展的前沿，这种产品不仅美观大方，还节省发电站使用的土地面积和费用。

（6）分布式。光伏发电系统的分布式特点将提高整个能源系统的安全性和可靠性，特别是从抗御自然灾害和战备的角度看，更具有明显的意义。

太阳能光伏发电系统按是否与电网连接可分为独立离网光伏发电系统和并网光伏发电系统。太阳能光伏发电系统中的能量能进行双向传输：在有太阳能辐射时，由太阳能电池阵列向负载提供能量；当无太阳能辐射或太阳能电池阵列提供的能量不够时，由蓄电池向系统负载提供能量。该系统可为交流负载提供能量，也可为直流负载提供能量。当太阳能电池阵列能量过剩时，可以将过剩能量存储起来或把过剩能量送入电网。该系统功能全面，但其过于复杂、成本高，仅在大型的太阳能光伏发电系统中才能使用；一般使用的中小型系统仅具有该系统的部分功能。

虽然我国光伏产业多年来实现了长足的进步，但不可否认的是，我国的光伏产业也存在不容忽视的技术不高、环境恶劣和市场有风险等缺点和难题；近期其在国内光伏市场额应用方面也面临成本高、上网难、缺乏经验等障碍。我国光伏产业的缺点如下：

（1）国内光伏技术总体的技术水平不高、内在竞争力不强。由于我国光伏产业发展历史短，主要研究方向放在了生产组件方面而基础研究工作薄弱，导致目前我国光伏技术总体水平仍然不高，太阳能电池及其组件的效率和质量水平仍然普遍落后于世界先进水平，在新型高效的太阳能电池和高纯硅生产技术的研究开发方面也落后于欧美等发达国家，许多装备主要依赖国外引进。目前我国太阳能光伏产业仍主要依靠市场驱动而非技术驱动，缺乏强大的内在竞争力。

（2）产业和市场发展不平衡，不利于产业的持续稳定发展和节能减排。在过去的几年内，我国光伏产业界慧眼如炬，抓住了欧美国家光伏市场快速增长这一机遇，利用了国内资源和人力成本较低的优势，实现了迅速起步与不断地发展壮大。但由于近年来全球光伏产业的产能过快扩张及金融危机的负面影响，未来两年内世界光伏组件和高纯硅材料市场势必供过于求，这将使得光伏产业面临大规模洗牌的局面。所以我国光伏企业近期来已普遍停止扩产、削减产量。在这个洗牌过程中，利润率最高的环节也将逐渐转向下游的光伏发电运营业，使得出售光伏电力比出售光伏组件和系统具有更长远稳定的回报，这也是传统光伏产业界和光伏设备制造业日益重视、极力呼吁启动国内光伏市场的根本原因。目前这种产业和市场格局意味着我国光伏产业面临着日益突出的市场风险。而广受争论的光伏产业的高能耗问题，其实质问题也在于产业和市场发展不平衡，即取决于国内光伏产业链建设和国内外市场的选择。

（3）光伏产业在近期仍缺乏足够的经济竞争力，有赖于政府政策扶持。最近数十年全球光伏市场的重心随着各国光伏市场政策的变化先后从美国（1996年以前）转移到日本（1996—2002）和欧盟（2002年以来），即充分反映了全球光伏市场的需求主要是由扶持政策推动的。目前我国还未制定出系统完善的光伏发电经济激励政策，有待于加快制定必要适度的财政补贴和优惠上网电价扶持政策。

当今世界各国特别是发达国家对太阳能光伏发电十分重视，针对其制订规划，增加投入，大力发展。20世纪80年代以来，即使是在世界经济从总体上处于衰退和低谷的时期，太阳能光伏发电产业也一直以10%~15%的递增速度在发展。90年代后期，其发展更为迅速，已成为全球增长速度最快的高新技术产业之一。

三、光伏发电系统的分类及组成

太阳能光伏发电系统分为独立光伏发电系统、并网光伏发电系统及分布式并网光伏发电系统。

（一）独立光伏发电系统

独立光伏发电系统，也叫"离网光伏发电系统"。

独立太阳能光伏发电是指太阳能光伏发电不与电网连接的发电方式，其典型特征为需要用蓄电池来存储夜晚用电的光伏发电系统能量。离网型光伏发电系统是由光伏组件发电，经控制器对蓄电池进行充放电管理，并给直流负载提供电能或通过逆变器给交流负载提供电能的一种新型电源。其广泛应用于环境恶劣的高原、海岛、偏远山区及野外作业，也可作为通信基站、广告灯箱、路灯等供电电源。光伏发电系统利用取之不尽、用之不竭的自然能源，可有效缓解电力短缺地区的需求矛盾，解决偏远地区的生活及通信问题。改善全球生态环境，促进人类可持续发展。

离网发电系统组成部分功能简介：①光伏电池板：为发电部件。②光伏控制器：光伏控制器对所发的电能进行调节和控制，一方面把调整后的能量送往直流负载或交流负载，另一方面把多余的能量通过蓄电池组储存。当所发的电不能满足负载需要时，控制器又把蓄电池的电能送往负载。蓄电池充满电后，控制器要控制蓄电池不被过充。当蓄电池所储存的电能放完时，控制器要控制蓄电池不被过放电，保护蓄电池。控制器的性能不好时，对蓄电池的使用寿命影响很大，并最终影响系统的可靠性。蓄电池的任务是储能，以便在夜间或阴雨天保证负载用电。③逆变器：逆变器负责把直流电转换为交流电，供交流负荷使用。

独立光伏发电系统的主要组成部分如下：

1. 光伏阵列；

2. 充放电控制器；

3. 蓄电池组；

4. 逆变器；

5. 监控系统；

6. 负载。

白天，在光照条件下，太阳电池组件产生一定的电动势，通过组件的串并联形成太阳能电池方阵，使得方阵电压达到系统输入电压的要求。再通过充放电控制器对蓄电池进行充电，将由光能转换而来的电能储存起来。晚上，蓄电池组为逆变器提供输入电，通过逆变器的作用，将直流电转换成交流电，输送到配电柜，由配电柜的切换作用进行供电。蓄电池组的放电情况由控制器进行控制，保证蓄电池的正常使用。光伏电站系统还应有限荷保护和防雷装置，以保护系统设备的过负载运行及免遭雷击，维护系统设备的安全使用。

太阳能→电能→化学能→电能→光能。

（二）并网光伏发电系统

并网太阳能光伏发电系统由光伏电池方阵、并网逆变器组成，不经过蓄电池储能，通过并网逆变器直接将电能输入公共电网。并网太阳能光伏发电系统相比离网太阳能光伏发电系统省掉了蓄电池储能和释放的过程，减少了其中的能量消耗，节约了占地空间，还降低了配置成本。

并网光伏发电系统的主要组成部分如下：

1. 光伏阵列；

2. 并网逆变器；

3. 公共电网；

4. 监控系统。

并网光伏发电系统就是太阳能组件产生的直流电经过并网逆变器转换成符合市电电网要求的交流电之后直接接入公共电网。并网光伏发电系统由集中式大型并网光伏电站组成，一般都是国家级电站。其主要特点是将所发电能直接输送到电网，由电网统一调配向用户供电。但这种电站投资大、建设周期长、占地面积大，发展难度较大，一般用于集中设置、大中型地面光伏发电系统。

（三）分布式并网光伏发电系统

分布式发电通常是指利用分散式资源，装机规模较小的、布置在用户附近的小型并网光伏发电系统。特别是光伏建筑一体化发电系统，由于投资小、建设快、占地面积小、政策支持力度大等优点，是并网光伏发电的主流。它一般接入 10~35 千伏或 0.4 千伏电压等级的电网，实际上是并网光伏发电系统的具体应用。

目前应用最为广泛的分布式并网光伏发电系统，是建在城市建筑物屋顶的光伏发电项目。该类项目必须接入公共电网，与公共电网一起为附近的用户供电。如果没有公共电网支撑，分布式并网光伏发电系统就无法保证用户的用电可靠性和用电质量。

分布式光伏发电有以下特点：

一是输出功率相对较小。光伏发电的模块化设计，决定了其规模可大可小，可根据场地的要求调整光伏系统的容量。一般而言，一个分布式光伏发电项目的容量在数兆瓦以内。与集中式电站动辄几十兆瓦，甚至几百兆瓦不同，分布式光伏电站的大小对发电效率的影响很小，因此对其经济性的影响也很小，小型光伏发电系统的投资收益率并不会比大型的低。

二是污染小，环保效益突出。分布式光伏发电项目在发电过程中，没有噪声，也不会对空气和水产生污染。但是，需要重视分布式光伏与周边城市环境的协调发展，在利用清洁能源的时候，考虑民众对城市环境美感的关切。

三是能够在一定程度上缓解局部地区的用电紧张状况。分布式光伏发电在白天出力，正好在这个时段人们对电力的需求最大。但是，分布式光伏发电的能量密度相对较低，每平方米分布式光伏发电系统的功率约 100 瓦，再加上适合安装光伏组件的建筑屋顶面积的限制，分布式光伏发电并不能从根本上解决用电紧张问题。

其运行模式是在有太阳辐射的条件下，光伏发电系统的太阳能电池组件阵列将太阳能转换输出的电能，经过直流汇流箱集中送入直流配电柜，由并网逆变器逆变成交流电供给建筑自身负载，多余或不足的电力通过连接电网来调节。

分布式光伏发电系统的主要组成部分如下：

1. 光伏阵列；

2. 直流汇流箱；

3. 直流配电柜；

4. 并网逆变器；

5. 交流配电柜；

6. 负载；

7. 公共电网；

8. 监控系统。

四、光伏发电的关键技术及问题

（一）光伏发电的关键技术

1. 光电转换效率

太阳电池的转换效率是电池电功率和入射光功率的比值。由于材料只能最大限度地吸收一定波长的太阳光辐射，而太阳光谱却是一个宽的连续谱，以及在室温下必然存在晶格热振动等散射机制，所以太阳电池的最高效率不可能达到 100%。

2. 电能的控制

太阳光是一种清洁、无污染的能源，但同时和气候、温度、环境的变化息息相关，所以利用太阳光发电其输出功率具有一定的随机性，因而控制器对整个系统的工作就不言而喻了。由于光伏发电系统通常以孤立光伏发电系统和并网光伏发电系统两种方式应用于实际，所以其控制器亦存在差别。常用的控制器一般包括最大功率跟踪控制、蓄电池充放电控制、光伏流输电用升降压变换器、交流逆变器等。

（二）我国太阳能光伏发电技术发展存在的关键问题

中国科学院电工研究所王志峰博士在《中国太阳能热发电产业政策研究》报告中指出目前我国太阳能光伏发电技术更加广泛，技术含量逐年增加，但是与西方发达国家相比，还存在一些问题。

1. 太阳能光伏发电技术已经延伸到其他的领域中，很多方面都需要此系统的辅助。太阳能光伏发电是多种学科的综合运用，不存在单一工作的现象。技术发展必须要多个行业、多个部门的综合协调同步发展，需要全国统一计划、统一协调、统一对策，各自出资、工作的现象坚决杜绝。

2. 当今太阳能光伏发电突破了原有的基础，摒弃了所有不成熟的一面。太阳能光伏发电是新兴的高新科技领域，发电技术的发展虽然不是太成熟，但是变化非常快速，或许在某一天就能变得成熟。所以，技术发展政策既需要有远见卓识的前瞻先进性，更需要有深思熟虑的严谨准确性。通过众多的实践证明，技术的发展需要政府的支持，指导行为要有一致性。

3. 太阳能光伏发电的实现过程不能只是依靠产业进行，市场的坚强后盾才能占据有利的主场地位。国内技术系统属于本土的几乎很少，所以国内本土技术的拓展显得尤为重要，只有这样才能进一步推动国产化的产业。

4. 在太阳能光伏发电技术创新过程中，技术发展的质量保证受到了一定的阻碍。技术之间的协调性在很大程度上是需要各项目，如方案、设计、施工、监理、验收、物管之间的全面协调。要从整体上将结构进行整合，填补太阳能光伏发电技术总监的空缺。

5. 太阳能光伏发电技术的发展要实现体制系统的变化。但是随着深入化机制的建立，很难见到有效的激励机制。太阳能光伏发电是需要和知识经济时代的创新紧密相连的，但是至今紧密相连的关系仍没有得到体现。或许在现代人的眼中，太阳能光伏发电技术的优势还没有得到足够的重视。

五、光伏发电及电压稳定性

（一）光伏发电系统电压稳定性研究现状

改善光伏发电系统本身的性能，使其能更好地并网发电是光伏发电系统研究的主流。目前，包含光伏发电系统电压稳定性研究的状况如下：

1. 根据光辐射与光伏输出的关系，搭建了光伏出力模型；根据日辐射曲线（分钟级）来描述一天中户型光伏发电系统出力状况。这些光伏发电系统通过单相逆变器分散接入当地（莱斯特）400V 的低压微网。研究根据当地的日负荷曲线，计算一天的动态潮流，发现夏日光伏出力渗透率最大为 74%，冬日光伏出力最大渗透率为 47%，平均渗透率分别为29% 和 12%，并指出光伏接入点电压升高是光伏入网容量的限制条件。

2. 基于电力电子变换原理和功率平衡原理，结合特定的控制策略，建立了并网光伏发电系统稳态模型，侧重于研究光伏出力随光辐射强度改变而改变的情况。

3. 分析了光伏电站集中接入电网时，光伏出力波动对系统稳态性能和暂态性能的影响，指出制约光伏电站最大安装容量的主要因素是稳态运行时由光伏电站出力引起的节点电压越下限。

4. 对光伏发电系统的电池特性进行简化，建立适应于光伏发电系统接入对电网稳态运行研究的光伏电源模型：选取 Benchmark 典型中压配网系统和低压微网为计算算例，对典型天气条件、不同接入形式的光伏发电系统对其接入系统产生的稳态影响进行研究；结合常规调压方式和新型调压方式，提出了减少影响的措施。另外，考虑光伏发电系统的实际出力波动情况，建立适用于暂态稳定分析的光伏发电系统输出功率模型，对集中接入式的光伏电站出力波动引起的系统暂态响应进行分析，提出改善系统暂态响应的措施。

在今后的十几年中，我国光伏发电的市场将会由独立发电系统转向并网发电系统，包括沙漠电站和城市屋顶发电系统。我国太阳能光伏发电发展潜力巨大，配合积极稳定的政策扶持，到 2030 年光伏装机容量将达 1 亿 kW，年发电量可达 1300 亿 kWh，相当于少建 30 多个大型煤电厂。国家未来 3 年内将投资 200 亿元人民币补贴光伏业，我国太阳能光伏发电又迎来了新一轮的快速增长，并吸引了更多的战略投资者融入到这个行业中来。因此，研究光伏并网系统电压稳定性的意义十分重大。

（二）求解方法

1. 潮流计算

要确定包含光伏电站的电力系统在扰动前的初始状态，得到发电机（包括光伏电站）注入网络的功率和网络中各母线电压的幅值及相角，就需要计算包含光伏电站的电力系统的潮流。常规的潮流计算中，将系统母线分为 PQ 节点、PV 节点和 V 节点三大类。由于光伏电站的特殊性，求解包含光伏电站的电力系统的潮流时必须要考虑其本身的特点：

通常情况下，光伏电站功率变换器本身不具备功率调节功能，并网功率因数由器件本身所决定，一般在 0.99~1 之间；稳态运行时，光伏电站通过并联电容器的投切和在并网点装设 SVC 可在一定范围内调节功率因数，因此在潮流数据中光伏电站一般设置为 PQ 节点。

在逆变器设计改变的基础上，光伏电站也可以具备一定的功率调节能力，此时在潮流数据中不能简单地把光伏电站处理为功率恒定的 PQ 节点，而是处理成 PV-PQ 节点，此时 V 填写控制目标电压值，无功的上下限按照实际光伏电站出力限制填写。

2. 电压稳定计算

（1）PV 曲线

PV 曲线通过建立关键母线节点电压和一个区域负荷或传输界面功率之间的关系，从而指示区域负荷水平或传输界面功率水平导致整个系统临近电压崩溃的程度。

PV 曲线法是从当前系统稳态运行点出发，逐点得出系统过程的变化轨迹，并且通常把 PV 曲线拐点看作电压稳定极限状态，主要包括连续潮流法和重复潮流法两种。重复潮流法基于常规潮流计算方法，通过不断增加负荷节点功率，以此来追踪 PV 曲线，其缺点是在功率极限点附近潮流雅克比矩阵近似奇异，会导致潮流方程病态。连续潮流方法是后期提出的，用于对 PV 曲线进行追踪的非线性方法，通过对参数进行设置，引入一维校正方程，采用预估校正的方法对下一潮流值进行预估，由潮流方程求解校正，解决了雅克比矩阵在极限点附近奇异的问题，正是这一特点使连续潮流法在 PV 曲线求取中得到了大范围应用。从计算的角度来看，相比于重复潮流法，连续潮流法速度较快，且可以得出精确的电压稳定极限以及相对完整的 PV 曲线。

（2）VQ 曲线

VQ 曲线表示系统关键母线电压与该母线无功功率之间的相互关系，它反映了系统中某母线节点能够提高无功功率支持而不会导致电压崩溃的能力。该曲线以母线电压为横坐标，以无功功率为纵坐标。

计算 VQ 曲线的目的是通过测试节点的无功功率来检验系统的鲁棒性。VQ 曲线底部切线斜率 $dQ/dU=0$，表示系统电压崩溃点。曲线底部右侧区域 $dQ/dU>0$，为系统稳定区域；左侧区域 $dQ/dU<0$，为系统不稳定区域。系统运行点与底部电压崩溃点纵坐标之间的距离表示该母线节点的最大无功负荷裕度，对应的底部点纵坐标为母线节点最小无功需求。VQ 曲线的斜率表示了该母线节点的刚性，dQ/dU 值越大，刚性越好。

（1）灵敏度分析法

灵敏度分析法是以潮流计算方程为基础，从定性物理概念出发，利用系统中某些状态参数量之间的变化关系，即它们之间的微分关系来研究电力系统的电压稳定性。

灵敏度分析法的基本方程是节点功率平衡方程。灵敏度分析数学方程为：

$$F(X,U,a)=0$$

$$Y=G(X,U,a)$$

状态方程式包括 PQ 节点的有功和无功平衡方程以及 PV 节点有功平衡方程，输出方程式包含 PV 节点无功功率方程、网络损耗方程、平衡节点方程以及支路潮流方程等。

灵敏度分析法是最早使用静态电压稳定性分析的方法之一，目前应用也较为广泛，其原理较为简单，不仅能给出电压崩溃指标，还可以得出各节点电压支撑能力的强弱以及需要的应对措施等信息。但是灵敏度指标计算时并未涉及负荷的静态和动态特性以及发电机的无功支撑能力，因此，灵敏度指标作为电压稳定性指标还存在一定的局限性。

（三）影响电压稳定性的主要因素及提高电压稳定性的措施

1.影响电压稳定性的主要因素

在传统配电网中，有功、无功负荷随时间变化会引起电压波动，越靠近网络的末端，电压的波动越大。光伏电源接入配电网后，一方面，电压同样会随着有功、无功负荷的变化而变化；另一方面，环境条件特别是光照强度的变化会引起光伏电源输出功率的变化，在光强急剧变化的极端条件下，光伏电源输出功率的变化会引起电压波动。光伏电源接入配电网后，引起并网点电压波动的因素有多种，如光伏电源容量与当地负荷不匹配引起的电压波动，光照强度变化引起的电压波动，以及光伏电源接入点的不同、接入容量的不同和接入电压等级的不同引起的电压波动等。下面先对前两种因素进行分析，后几种情况通过后面的算例来说明。

有功、无功负荷变化引起的电压波动光伏电源与当地的负荷协调运行，即光伏电源的容量与负荷相匹配。在此情况下，负荷增加（或减少）时，光伏电源的输出量增加（或减少），此时光伏电源将抑制系统电压的波动，对并网电压的稳定有利。

光伏电源不能与当地的负荷协调运行。在此情况下，本地负荷突然变化会对电网电压造成影响，光伏电源的接入造成了电压波动。

表 2-4-2 所示为光照强度 1000W/m² 、环境温度 25℃、系统容量 500kVA、光伏电源容量 300kW 时，不同负荷容量下并网电压的变化情况。

表 2-4-2　不同负荷容量下并网电压变化统计表

本地负荷（kW）	并网电压标幺值（p.u.）
100	1.0000
200	1.0160
300	1.0060
400	0.9791
500	0.9407

从表 2-4-2 中可得到如下结论：就系统容量 500kVA、光伏电源容量 300kW 的光伏并网系统而言，负荷变化越大，电压波动越大。当负荷超过 500kW 时，电压变动限值将超过 4%，使得电能质量不满足要求。

表 2-4-3 所示为环境温度 25℃、系统容量 500kVA、本地负荷 300kW 时，不同光照强度下并网点电压的变化情况。

表 2-4-3　不同光照强度下并网点电压变化统计表

光照强度（W/m²）	光伏电源输出功率（kW）	并网电压标幺值（p.u.）
1000	302.30	1.0060
800	231.50	0.9862
600	163.10	0.9553
400	96.82	0.9222

从表 2-4-3 中可得到如下结论：光强变化越大，电压波动越大。就系统容量 500kVA、光伏电源容量 300kW、负荷 300kW 的光伏并网系统而言，当光照强度从 1000W/m² 变化到 400W/m² 时，电压变动限值将超过 4%，使得电能质量不满足要求。

由以上分析可知，光伏电源接入配电网会引起并网点电压的变化。特别是光伏电源的容量与本地负荷容量不匹配以及光伏电源的输出功率随着环境变化较大时，并网点电压波动更大。为了持续稳定地输出电能，保证系统电压的稳定、需要在光伏并网系统中增加储能元件。

2. 提高电压稳定性的措施

（1）提高线路额定电压等级

从功角特性方程中可以看出，提高线路额定电压等级，可提高静态稳定极限，提高静态稳定的水平。但提高电压等级需要增加投资，尤其需要系统有足够的无功电源。

（2）采用串联电容器补偿

串联电容器补偿可用于调压，也可以通过减少线路电抗来提高电力系统静态稳定性。在后一种情况下，应通过计算来决定补偿度。一般来说，补偿度越大，线路等效电抗越小，对于提高稳定性越有利。但补偿度过大时将出现一系列的问题，如造成阻尼功率系数为负、引起系统自发性低频振荡、容易使发电机产生自励磁、给继电保护运行造成困难、增大短路电流等。考虑以上因素，用于提高稳定性的串联电容器补偿的补偿度一般应小于 0.5。

串联电容器补偿一般采用集中补偿。对于双电源线路装于中点，对于单电源线路装于末端。

（3）改善系统结构

改善系统结构，加强系统联系，可以提高电力系统的稳定性。其方法有：①增加输电线路回路，减少线路电抗；②加强线路两端各自系统的内部联系，减少系统等效内抗；③接入中间电力系统，这样可将长距离输电线中间的电压维持恒定，相当于将输电线路分段，从而减少了电抗。

第五节　核能发电

一、核能

随着世界人口的持续增长及发展中国家人民生活水平的逐步提高，化石燃料的消耗将会加快，加强可再生能源的利用得到强烈响应，风能、太阳能、水能及生物质能等越来越受重视。但这些能源或多或少尚有问题，如风能、太阳能的持续供电问题，水能及生物质能的资源有限问题等，因此核能理所当然地为人们所重视。

核能又称"原子能"，即原子核发生变化时释放的能量，如重核裂变和轻核聚变时所释放的巨大能量，是通过转化其质量从原子核释放的能量，符合爱因斯坦提出的质能转换方程：

$$E = mc^2$$

释放能量的形式有三种：核裂变、核聚变、核衰变。

20 世纪，核能首先是应用在作为武器的军事方面，后来才作为一种新能源用于民用核动力工业，从而开辟了发展能源工业的一条新路，改变了全球燃料资源有限的状况，改善了化石燃料燃烧时所造成的环境污染。核电作为清洁能源目前已被世界大多数人们所认识。

二、核能能源的储量

据估计，世界上核裂变的主要燃料铀和钍的储量分别约为 490 万吨和 275 万吨。这些裂变燃料足可以用到聚变能时代。轻核聚变的燃料是氘和锂，1 升海水能提取 30 毫克氘，在聚变反应中能产生约等于 300 升汽油的能量，即"1 升海水约等于 300 升汽油"，地球上海水中有 40 多万亿吨氘，足够人类使用百亿年。地球上的锂储量有 2000 多亿吨，锂可用来制造氚，足够人类在聚变能时代使用。况且以目前世界能源消费的水平来计算，地球上能够用于核聚变的氘和氚的数量，可供人类使用上千亿年。因此，有关能源专家认为，如果解决了核聚变技术，那么人类将能从根本上解决能源问题。

三、核能发电

（一）核能发电原理

核能发电的能量来自核反应堆中可裂变材料（核燃料）进行裂变反应所释放的裂变能。裂变反应指铀 -235、钚 -239、铀 -233 等重元素在中子作用下分裂为两个碎片，同时放出中子和大量能量的过程。反应中，可裂变物的原子核吸收一个中子后发生裂变并放出两三个中子。若这些中子除去消耗，至少有一个中子能引起另一个原子核裂变，使裂变自持地进行，则这种反应称为链式裂变反应。实现链式反应是核能发电的前提。

核能发电是利用核反应堆中核裂变所释放出的热能进行发电的方式，它与火力发电极其相似。只是以核反应堆及蒸汽发生器来代替火力发电的锅炉，以核裂变能代替矿物燃料的化学能。除沸水堆外，其他类型的动力堆都是一回路的冷却剂通过堆心加热，在蒸汽发生器中将热量传给二回路或三回路的水，然后形成蒸汽推动汽轮发电机。沸水堆则是一回路的冷却剂通过堆心加热变成 70 个大气压左右的饱和蒸汽，经汽水分离并干燥后直接推动汽轮发电机。如图 2-5-1 所示为压水堆核电站示意图。

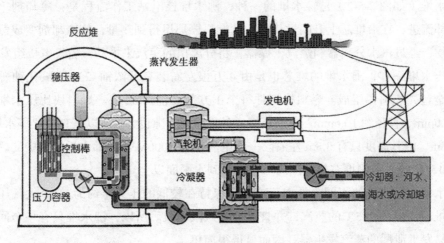

图 2-5-1　核能发电原理图

（二）核反应堆类型

核反应堆，又称为"原子反应堆"或"反应堆"，是装配了核燃料以实现大规模可控制裂变链式反应的装置。核反应堆的种类有很多，这里只介绍比较典型的压水堆、沸水堆和重水堆等，其他堆型与之类似。

1. 压水堆

目前世界上所有的商业堆，基本上都是利用核裂变热使水沸腾以产生蒸汽的系统。压水堆（如图 2-5-1）的结构实际上与火电站的内核很相似，只是提供动力的原料不同。压水堆的热效率不高，在 33% 左右。

压水堆的堆芯近似为圆柱形，一般的高度约为 4.2 米，直径约 3.4 米。它由约 4 万根的燃料棒组成。每约 200 根的棒组合成一个燃料组件，组件的横截面为正方形，边长约为 0.2 米。燃料是 3% 浓缩铀 -235 的二氧化铀，做成圆柱形芯块，典型的尺寸是长 15.0mm、直径约 9.4mm。芯块用陶瓷工艺制造，包括粉末状物质的烧结和压缩。燃料芯块堆盛在锆合金管中，此锆合金管称为包壳。

压水堆主要回路有一回路和二回路。一回路就是燃料冷却回路。一回路的水将燃料产生的热量传送到蒸汽发生器中，一般有 2~4 条独立的蒸汽发生器环路互相并联。一个反应堆都有一台稳压器使一回路的水压维持稳定。在蒸汽发生器中，热能从一回路传到二回路。二回路包括一台汽轮发电机组、一个汽轮机旁路、一个向大气排气的系统、一个凝汽器、数台凝结水泵、一台凝结水加热装置、一个蒸汽发生器的给水回路、一个事故给水回路，还包括三个蒸汽发生器与汽轮机之间的蒸汽连接管路。

20 世纪 80 年代，其被公认为是技术最成熟，运行安全、经济实用的堆型。其装机总容量约占所有核电站各类反应堆总和的 60% 以上，是最早用作核潜艇的军用反应堆。1961 年，美国建成了世界上第一座商用压水堆核电站。

2. 沸水堆

沸水堆（如图 2-5-2）是轻水堆的一种，沸水堆核电站工作流程是：冷却剂（水）从堆芯下部流进，在沿堆芯上升的过程中，从燃料棒那里得到热量，使冷却剂变成蒸汽和水的混合物，经过汽水分离器和蒸汽干燥器，将分离出的蒸汽来推动汽轮发电机组发电。

与压水堆一样，沸水堆的堆芯也是由 4 万根左右装有低浓铀 -235 二氧化铀燃料芯块的锆合金包壳燃料棒组成。燃料棒组件每个正方截面包含 62 根。燃料块比压水堆要大，长约 18.0mm、直径约 10.6mm。除燃料棒大外，棒间间隙也大。所以其直径比压水堆的大，约为 4.8m，但其高度只有 3.8m 左右。一座电功率为 1000MW 的沸水反应堆中的燃料总质量约为 15 万 kg。包围堆芯的钢围筒一直延伸到水平面以上。

沸水堆与压水堆的不同之处在于冷却水保持在较低的压力（约为 70 个大气压）下，水通过堆芯变成约 285℃的蒸汽，并直接被引入汽轮机。所以，沸水堆只有一个回路，省去了容易发生泄漏的蒸汽发生器，因而显得很简单。

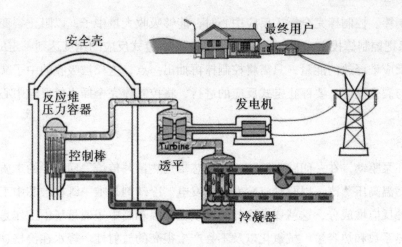

图 2-5-2　沸水堆示意图

3.重水堆

重水堆是以重水做慢化剂的反应堆，可以直接利用天然铀作为核燃料。重水堆可用轻水或重水做冷却剂，重水堆分压力容器式和压力管式两类。

以天然铀作为燃料使得重水反应堆对很多国家产生了吸引力。CANDU 堆是重水反应堆中的突出代表，这种反应堆用的核燃料是用二氧化铀压制、烧结成的圆柱形天然铀芯块，密封成燃料元件单棒，再将 37 根燃料元件单棒焊到两个端部支撑板上，组成柱形燃料棒束组件，元件单棒之间用定位隔块使之相互隔开。反应堆换料采用不停堆双向推进法。遥控操作换料机上的活塞杆，将燃料束逆冷却剂向流动方向推进，同时把乏燃料棒束从另一端卸入另一台换料机。乏燃料运送到反应堆厂房邻近的水池内储存。

标准化的 CANDU 堆本体包括：一个装重水慢化剂的圆柱形不锈钢排管容器；反应堆控制机构；380 根燃料管道组件（CANDU-6 型）燃料管道组件贯穿排管容器，内装核燃料、重水冷却剂和一根锆 - 铌合金压力管。

（三）反应堆核心组件

1.慢化剂

核燃料裂变反应释放的中子为快中子，而在热中子或中能中子反应堆中要应用慢化中子维持链式反应，慢化剂就是用来将快中子能量减少，使之慢化成为热中子或中能中子的物质。选择慢化剂时要考虑许多不同的要求：首先是核特性，即良好的慢化性能和尽可能低的中子吸收截面；其次是价格、机械特性和辐照敏感性。应用最多的固体慢化剂是石墨，其优点是具有良好的慢化性能和机械加工性能，较小的中子俘获截面和低廉的价格。

2.控制棒

为了控制链式反应的速率在一个预定的水平上，需用吸收中子的材料做成吸收棒，称之为控制棒和安全棒，在反应堆中起补偿和调节中子反应性以及紧急停堆的作用。

控制棒是由硼和镉等易于吸收中子的材料制成的。核反应压力容器外有一套机械装置可以操纵控制棒。控制棒完全插入反应中心时，能够吸收大量中子，以阻止裂变链式反应的进行。如果把控制棒拔出一点，反应堆就开始运转，链式反应的速度达到一定的稳定值；如果想增加反应堆释放的能量，只需将控制棒再抽出一点，这样被吸收的中子减少，有更多的中子参与裂变反应。要停止链式反应的进行，将控制棒完全插入核反应中心吸收掉大部分中子即可。

3.冷却剂

由主循环泵驱动，在一回路中循环，从堆芯带走热量并传给二回路中的工质，使蒸汽发生器产生高温高压蒸汽，以驱动汽轮发电机发电。冷却剂是唯一既在堆芯中工作又在堆外工作的一种反应堆成分，这就要求冷却剂必须在高温和高中子通量场中工作是稳定的，有较大的传热系数和热容量、抗氧化以及不会产生很高的放射性。轻水在价格、处理、抗氧化和活化方面都有优点，但是它的热特性不好。重水是好的冷却剂和慢化剂，但价格昂贵。

4.屏蔽层

为防护中子、γ射线和热辐射，必须在反应堆和大多数辅助设备周围设置屏蔽层。其设计要力求造价便宜并节省空间。对γ射线屏蔽，通常选择钢、铅、普通混凝土和重混凝土。钢的强度最好，但价格较高；铅的优点是密度高，因此铅屏蔽厚度较小；混凝土比金属便宜，但密度较小，因而屏蔽层厚度比其他的都大。

来自反应堆的γ射线强度很高，被屏蔽体吸收后会发热，因此紧靠反应堆的γ射线屏蔽层中常设有冷却水管。核电站反应堆最外层屏蔽一般选用普通混凝土或重混凝土。

四、核电的利与弊

（一）核电的优点

1.核能是地球上储量最丰富的能源，又是高度浓集的能源。1吨金属铀裂变所产生的能量，相当于270万吨标准煤。地球上已探明的核裂变燃料，即铀矿和钍矿资源，按其所含能量计算，相当于有机燃料的20倍。只要及时开发利用，其便有能力替代和后续有机燃料。

2.核电是清洁的能源，有利于保护环境。燃烧化石燃料排出大量的二氧化硫、二氧化碳、氧化亚氮等气体，不仅会直接危害人体健康和农作物生长，还会导致酸雨和大气层的"温室效应"，破坏生态平衡。

3.核电站坚持安全第一、质量第一的方针，正确设计、高质量建造和按规范运行的核电站，其安全是有保证的。

4.核电的经济性能与火电竞争。核电厂由于考究安全和质量，建造费高于火电厂，但燃料费低于火电厂，火电厂的燃料费占发电成本的40%~60%，而核电厂的燃料费则只占20%左右。

5.发展核电有利于减轻交通系统对燃料运输的负担。1座100万kW的燃煤火电机组每天需烧煤约1万吨，1年约需300万吨，而1座100kW的核电机组每年仅需核燃料30吨。

6. 以核燃料代替煤和石油，有利于资源的合理利用。煤和石油都是化学工业和纺织工业的宝贵原料，能用它们创造出多种产品。它们在地球上的储藏量是很有限的；作为原料，它们要比仅作为燃料的价值高得多。

（二）核电的缺点

1. 核废料处理需严谨。使用过的核燃料，虽然所占体积不大，但因具有放射性，因此必须慎重处理。一旦处理不当，就很可能对环境生命产生致命的影响。核废料的放射性不能用一般的物理、化学和生物方法消除，只能靠放射性核素自身的衰变而减少。核废料放出的射线通过物质时，发生电离和激发作用，对生物体会引起辐射损伤。

2. 热污染。核能发电热效率较低，因而比一般化石燃料电厂排放更多废热到环境里，故核能电厂的热污染较严重。

3. 核能发电被认为存在风险。核裂变必须由人通过一定装置进行控制。一旦失去控制，裂变能不仅不能用于发电，还会酿成灾害。截至目前，全球已经发生了数起核泄漏事故，对生态及民众造成了巨大伤害。

4. 建立原子能的发电站较易引发政治争端。

第三章 电力输电系统

电能的传输，是电力系统整体功能的重要组成环节。发电厂与电力负荷中心通常都位于不同地区。在水力、煤炭等一次能源资源条件适宜的地点建立发电厂，通过输电可以将电能输送到远离发电厂的负荷中心，使电能的开发和利用超越地域的限制。因此，输电线路是电力系统的重要组成部分，它担负着输送和分配电能的任务。

第一节 输电线路概述

输电线路按架设形式有架空线路和电缆线路之分，按电能性质有交流输电线路和直流输电线路之分，按电压等级有输电线路和配电线路之分。输电线电压等级一般在35kV及以上。目前我国输电线路的电压等级主要有35kV、60kV、110kV、154kV、220kV、330kV、500kV、1000kV交流和 ±500kV、±800kV直流。一般来说，线路输送容量越大，输送距离越远，要求输电电压就越高。配电线路是担负分配电能任务的线路，称为配电线路。我国配电线路的电压等级有380/220V、6kV、10kV。

架空线路主要指架空明线，架设在地面之上，架设及维修比较方便，成本较低，但容易受气象和环境（如大风、雷击、污秽、冰雪等）的影响引起故障，同时整个输电走廊占用土地面积较多，易对周边环境造成电磁干扰。输电电缆则不受气象和环境的影响，主要通过电缆隧道或电缆沟架设，造价较高，发现故障及检修维护等不方便。电缆线路可分为架空电缆线路和地下电缆线路；电缆线路不易受雷击、自然灾害及外力破坏，供电可靠性高，但电缆的制造、施工、事故检查和处理较困难，工程造价也较高，故远距离输电线路多采用架空输电线路。

输电线路的输送容量是在综合考虑技术、经济等各项因素后所确定的最大输送功率，输送容量大体与输电电压的平方成正比，提高输电电压，可以增大输送容量、降低损耗、减少金属材料消耗，提高输电线路走廊利用率。超高压输电是实现大容量或远距离输电的主要手段，也是目前输电技术发展的主要方向。

第二节 电力线路的结构

一、架空输电线路各组元件

架空输电线路的主要部件有：导线和避雷线（架空地线）、杆塔、绝缘子、电力线路金具、杆塔基础、拉线和接地装置等。

（一）导线和避雷线

导线是用来传导电流、输送电能的元件。输电线路一般都采用架空裸导线，每相一根，220kV 及以上线路由于输送容量大，同时为了减少电晕损失和电晕干扰而采用相分裂导线，即每相采用两根及以上的导线。采用分裂导线能输送较大的电能，而且电能损耗少，有较好的防振性能。

1. 架空导线的排列方式

导线在杆塔上的排列方式：对单回线路可采用上字形、三角形或水平排列，对双回路线路可采用伞形、倒伞形、干字形或六角形排列。

导线在运行中经常受各种自然条件的考验，必须具有导电性能好、机械强度高、质量轻、价格低、耐腐蚀性强等特性。由于我国铝的资源比铜丰富，加之铝和铜的价格差别较大，故几乎都采用钢芯铝线。

避雷线一般不与杆塔绝缘而是直接架设在杆塔顶部，并通过杆塔或接地引下线与接地装置连接。避雷线的作用是减少雷击导线的机会，提高耐雷水平，减少雷击跳闸次数，保证线路安全送电。

2. 导、地线分类

导、地线一般可按所用原材料或构造方式来分类。

（1）按所用原材料分类

按所用原材料的不同，裸导线一般可以分为铜线、铝线、钢芯铝线、镀锌钢绞线等。

铜是导电性能很好的金属，能抗腐蚀，但比重大、价格高，且机械强度不能满足大档距的强度要求，现在的架空输电线路一般都不采用。铝的导电率比铜的低，质量轻、价格低，在电阻值相等的条件下，铝线的质量只有铜线的一半左右，但缺点是机械强度较低，运行中表面形成氧化铝薄膜后，导电性能降低，抗腐蚀性差，故在高压配电线路用得较多，输电线路一般不用铝绞线；钢的机械强度虽高，但导电性能差，抗腐蚀性也差，易生锈，一般都只用作地线或拉线，不用作导线。

钢的机械强度高，铝的导电性能好，导线的内部有几股是钢线，易承受拉力；外部为多股铝线，易传导电流。由于交流电的集肤效应，电流主要在导体外层通过，这就充分利用了铝的导电能力和钢的机械强度，取长补短，互相配合。目前架空输电线路导线几乎全部使用钢芯铝线。作为良导体地线和载波通道用的地线，也采用钢芯铝线。

（2）按构造方式分类

按构造方式的不同，裸导线可分为一种金属或两种金属的绞线。

一种金属的多股绞线有铜绞线、铝绞线、镀锌钢绞线等。由于输电线路采用较少，故这里不做介绍。

两种金属的多股绞线主要是钢芯铝绞线，绞线的优点是易弯曲。绞线的相邻两层绕向相反，一则不易反劲松股，二则每层导线之间距离较大，增大线径，有利于降低电晕损耗。钢芯铝线除正常型外，还有减轻型和加强型两种。

（二）杆塔

杆塔是电杆和铁塔的总称。杆塔的用途是支持导线和避雷线，以使导线之间、导线与避雷线、导线与地面及交叉跨越物之间保持一定的安全距离。

1. 杆塔按材料分类

杆塔按原材料一般可以分为水泥杆和铁塔两种。

（1）水泥杆（钢筋混凝土杆）

电杆是由环形断面的钢筋混凝土杆段组成的，其特点是结构简单、加工方便，使用的砂、石、水泥等材料便于供应，并且价格便宜。混凝土有一定的耐腐蚀性，故电杆寿命较长，维护量少。与铁塔相比，钢材消耗少，线路造价低，但重量大，运输比较困难。

水泥杆有非预应力钢筋混凝土杆和浇制前对钢筋预加一定张力拉伸的预应力钢筋混凝土杆两种。目前，输电线路使用较多的是非预应力杆。

（2）铁塔是用型钢组装成的立体桁架，可根据工程需要做成各种高度和不同形式的铁塔。铁塔有钢管塔和型钢塔之分。铁塔机械强度大，使用年限长，维修工作量少，但耗钢材量大、价格较贵。在变电所进出线和通道狭窄地段35~110kV可采用双回路窄基铁塔。

2. 杆塔按用途分类

按用途分为直线杆、耐张杆、转角杆、终端杆和特种杆五种。特种杆又包括跨越通航河流、铁路等的跨越杆，长距离输电线路的换位杆、分支杆。

（1）直线杆

直线杆又叫"中间杆"，它分布在耐张杆塔中间，数量最多；在平坦地区，数量上占绝大部分。在正常情况下，直线杆只承受垂直荷重（导线、地线、绝缘子串和覆冰重量）和水平的风压。因此，直线杆一般比较轻便，机械强度较低。

（2）耐张杆

耐张杆也叫"承力杆"。为了防止线路断线时整条线路的直线杆塔顺线路方向倾倒，必须在一定距离的直线段两端设置能够承受断线时顺线路方向的导、地线拉力的杆塔，把断线影响限制在一定范围以内。两个耐张杆塔之间的距离叫耐张段。

（3）转角杆

线路转角处的杆塔叫转角杆。正常情况下转角杆除承受导、地线的垂直荷重和内角平分线方向风力水平荷重外，还要承受内角平分线方向导、地线全部拉力的合力。转角杆的角度是指原有线路方向风的延长线和转角后线路方向之间的夹角，有转角 30°、60°、90° 之分。

（4）终端杆

线路终端处的杆塔叫终端杆。终端杆是装设在发电厂或变电所的线路末端杆塔。终端杆除承受导、地线垂直荷重和水平风力外，还要承受线路一侧的导、地线拉力，稳定性和机械强度都比较高。

（5）特种杆

特种杆主要有换位杆、跨越杆和分支杆等。超过 10km 以上的输电线路要用换位杆进行导线换位；跨越杆设在通航河流、铁路、主要公路及电线两侧，以保证跨越交叉垂直距离；分支杆也叫"T 形杆"或"T 接杆"，它用在线路的分支处，以便接出分支线。

3. 水泥电杆的规格

水泥杆有等径环形水泥杆和锥形水泥杆两种。

（1）等径环形水泥杆的梢径和根径相等，有 300mm 和 400mm 两种，一般制作成 9.0m、6.0m 和 4.5m 等三种长度，使用时以电、气焊方式进行连接。

（2）锥形水泥杆一般用在配电线路上，输电线路的转角杆塔、耐张杆塔、终端杆塔和直线杆塔，均采用等径水泥杆。锥形水泥杆的梢径有 190mm 和 230mm 两种。

4. 横担

杆塔通过横担将三相导线分隔一定距离，用绝缘子和具等将导线固定在横担上；此外，其还需和地线保持一定的距离。因此，要求横担有足够的机构强度并使导、地线在杆塔上的布置合理，并保持导线各相间和对地（杆塔）有一定的安全距离。

横担按材料的不同可分为铁横担、瓷横担。横担按用途可分为直线横担、耐张横担、转角横担。

（三）绝缘子

绝缘子是一种隔电产品，一般是用电工陶瓷制成的，又叫"瓷瓶"。此外还有钢化玻璃制作的玻璃绝缘子和用硅橡胶制作的合成绝缘子。

绝缘子的用途是使导线之间以及导线和大地之间绝缘，保证线路具有可靠的电气绝缘强度，并用来固定导线，承受导线的垂直荷重和水平荷重。换句话说，绝缘子既要能满足电气性能的要求，又要能满足机械强度的要求。

按照机械强度的要求，绝缘子串可组装成单串、双串、V 形串。对于超高压线路或大跨越等，由于导线的张力大，机械强度要求高，故有时采用三串或四串绝缘子。绝缘子串基本有两大类，即悬垂绝缘串和耐张绝缘子串。悬垂绝缘子串用于直线杆塔上，耐张绝缘子串用于耐张杆塔或转角、终端杆塔上。

1. 普通型悬式瓷绝缘子

普通型悬式瓷绝缘子按金属附件连接方式可分为球型连接和槽型连接两种。输电线路多采用球型连接。

2. 针式绝缘子

针式绝缘子，主要用于线路电压不超过35kV，导线张力不大的直线杆或小转角杆塔。其优点是制造简易、价廉；缺点是耐雷水平不高，容易闪络。

3. 耐污型悬式瓷绝缘子

普通瓷绝缘子只适用于正常地区，也就是说比较清洁的地区，如在污秽区使用，因它的绝缘爬电距离较小，易发生污闪事故，所以在污秽区要使用耐污型悬式瓷绝缘子，以达到污秽区等级相适应的爬电距离，防止污闪事故发生。

4. 悬式钢化玻璃绝缘子

悬式玻璃绝缘子具有重量轻、强度高，耐雷性能和耐高、低温性能均较好。当绝缘子发生闪络时，其玻璃伞裙会自行爆裂。

5. 瓷横担绝缘子

瓷横担绝缘水平高，自洁能力强，可减少人工清扫；能代替钢横担，节约钢材；结构简单、安装方便、价格较低。

6. 合成绝缘子

合成绝缘子是一种新型的防污绝缘子，尤其适合污秽地区使用，能有效地防止输电线路污闪事故的发生。它和耐污型悬式瓷绝缘子比较，具有体积小、重量轻、清扫周期长、污闪电压高、不易破损、安装运输省力方便等优点。

（四）电力线路金具

输电线路导线的自身连接及绝缘子连接成串，导线、绝缘子自身保护等所用附件称为线路金具。线路金具一般在气候复杂、污秽程度不一的环境条件下运行，故要求其具有足够的机械强度、耐磨和耐腐蚀性。

金具在架空电力线路中，主要用于支持、固定和接续导线及绝缘子连接成串，亦用于保护导线和绝缘子。按金具的主要性能和用途，可分以下几类：

1. 线夹类

线夹是用来握住导、地线的金具。根据使用情况，线夹可分为耐张线夹和悬垂线夹两类。

悬垂线夹用于直线杆塔上悬吊导、地线，并对导、地线应有一定的握力。

耐张线夹用于耐张、转角或终端杆塔，承受导、地线的拉力。用来紧固导线的终端，使其固定在耐张绝缘子串上，也用于避雷线终端的固定及拉线的锚固。

2. 连接金具类

连接金具主要用于将悬式绝缘子组装成串，并将绝缘子串连接、悬挂在杆塔横担上。线夹与绝缘子串的连接、拉线金具与杆塔的连接，均要使用连接金具，常用的连接金具有球头挂环、碗头挂板，分别用于连接悬式绝缘子上端钢帽及下端钢脚，还有直角挂板（一种转向金具，可按要求改变绝缘子串的连接方向）、U形挂环（直接将绝缘子串固定在横担上）、延长环（用于组装双联耐张绝缘子串等）、二联板（用于将两串绝缘子组装成双联绝缘子串）等。

连接金具型号的首字按产品名称首字来定，如 W 表示碗头挂板，Z 表示直角挂板。

3. 接续金具类

接续金具用于接续各种导线、避雷线的端头。接续金具承担与导线相同的电气负荷，大部分接续金具承担导线或避雷线的全部张力，用字母J表示。根据使用和安装方法的不同，接续金具分为钳压、液压、爆压及螺栓连接等几类。

4. 防护金具类

防护金具分为机械类防护金具和电气类防护金具两类。机械类防护金具是为防止导、地线因振动而造成断股，电气类防护金具是为防止绝缘子因电压分布严重不均匀而过早损坏。机械类防护金具有防振锤、预绞丝护线条、重锤等；电气类防护金具有均压环、屏蔽环等。

（五）杆塔基础

架空电力线路杆塔的地下装置统称为基础。基础用于稳定杆塔，使杆塔不致因承受垂直荷载、水平荷载、事故断线张力和外力作用而上拔、下沉或倾倒。

杆塔基础分为电杆基础和铁塔基础两大类。

1. 电杆基础

杆塔基础一般采用底盘、卡盘、拉线盘，即"三盘"。"三盘"可采用钢筋混凝土预制，也可采用天然石料制作。底盘用于减少杆根底部地基承受的下压力，防止电杆下沉。卡盘用于增加杆塔的抗倾覆力，防止电杆倾斜。拉线盘用于增加拉线的抗拔力，防止拉线上拔。

2. 铁塔基础

铁塔基础根据铁塔类型、塔位地形、地质及施工条件等具体情况确定。常用的基础有现场浇制基础、预制钢筋混凝土基础、灌注桩式基础、金属基础、岩石基础。

3. 铁塔地脚螺栓保护帽的浇制

地脚螺栓浇制保护帽是为了防止因丢失地脚螺母或螺母脱落而发生倒塔事故。直线塔组立后即可浇制保护帽，耐张塔在架线后浇制保护帽。

（六）拉线

拉线用来平衡作用于杆塔的横向荷载和导线张力、可减少杆塔材料的消耗量，降低线路造价。一方面提高杆塔的强度，承担外部荷载对杆塔的作用力，以减少杆塔的材料消耗量，降低线路造价；另一方面，连同拉线棒和托线盘一起将杆塔固定在地面上，以保证杆塔不发生倾斜和倒塌。

拉线材料一般用镀锌钢绞线。拉线上端通过拉线抱箍和拉线相连接，下部通过可调节的拉线金具与埋入地下的拉线棒、拉线盘相连接。

（七）接地装置

架空地线在导线的上方，它将通过每基杆塔的接地线或接地体与大地相连，当雷击地线时可迅速地将雷电流向大地中扩散，因此，输电线路的接地装置主要是泄导雷电流，降低杆塔顶电位，保护线路绝缘不致击穿闪络。它与地线密切配合对导线起到了屏蔽作用。接地体和接地线总称为接地装置。

1. 接地体

接地体是指埋入地中并直接与大地接触的金属导体，可分为自然接地体和人工接地体两种。为减少相邻接地体之间的屏蔽作用，接地体之间必须保持一定距离。为使接地体与大地连接可靠，接地体必须有一定的长度。

2. 接地线

架空电力线路杆塔与接地体连接的金属导体叫接地线。对非预应力钢筋混凝土杆可以利用内部钢筋作为接地线；对预应力钢筋混凝土杆因其钢筋较细，不允许通过较大的接地电流，可以通过爬梯或者从避雷线上直接引下线与接地体连接。铁塔本身就是导体，故将扁钢接地体和铁塔腿进行连接即可。

（八）电力电缆

电力电缆是电缆线路中的主要元件。一般敷设在地下的廊道内，其作用是传输和分配电能。电力电缆主要用于城区、国防工程和电站等必须采用地下输电的部位。

1. 电力电缆种类

目前我国普遍使用的电力电缆主要是交联聚乙烯绝缘电力电缆。电力电缆种类大致有：

（1）按电压等级可分为中压、低压、高压、超高压电缆及特高压电缆。

（2）按电流制式可分为交流电缆和直流电缆。

（3）按绝缘材料可分为油浸纸绝缘、塑料绝缘、橡胶绝缘以及近期发展起来的交联聚乙烯等。

（4）按接线芯可分为单芯、双芯、三芯和四芯等。

2. 电力电缆的结构

电力电缆结构必须有线芯（又称"导体"）、绝缘层、屏蔽层和保护层四部分组成。

（1）线芯：传输电流，指导功率传输方式，是电缆的主要部分；

（2）绝缘层：将线芯与大地及不同相的线芯在电气上彼此隔离，承受电压，起绝缘作用；

（3）屏蔽层：消除导体表面不光滑而引起的电场强度的增加使绝缘层和电缆导体有较好的接触；

（4）保护层：保护电缆绝缘不受外界杂质和水分的侵入和防止外力直接损伤电缆。

二、架空输电线路中导线的选型

在架空输电线路的设计中，导线的选型至关重要，架空输电线路工程本是导线与杆塔结合的艺术，目前国家电网提出打造坚强可靠、经济高效、清洁环保、透明开放、友好互动的现代电网。鉴于目前导线产品的多样性，每种产品的优缺点不同，我们需要根据输送容量和线路环境因素，选择经济适用的导线。

（一）导线的选型原则

送电线路的导线和地线长期在旷野、山区或湖海边缘运行，需要经常耐受风、冰等外荷载的作用，气温的剧烈变化以及化学气体等的侵袭，同时受国家资源和线路造价等因素的限制。因此，在设计中特别是大跨越地段，对电线的材质、结构等必须慎重选取。

选定电线的材质、结构一般应考虑以下原则：

（1）导线材料应具有较高的导电率。但考虑国家资源情况，一般不采用铜线。

（2）导线和地线应具有较高的机械强度和耐振性能。

（3）导线和地线应具有一定的耐化学腐蚀、抗氧化能力。

（4）选择电线材质和结构时，除满足传输容量外还应保证线路的造价经济和技术合理。

（二）导线截面的选择

架空送电线路导线截面一般按经济电流密度来选择，并应根据事故情况下的发热条件、电压损耗、机械强度和电晕进行校验。必要时，应通过技术经济比较确定。但对110kV及以下线路，电晕往往不成为选择导线截面的决定因素。

1. 按经济电流密度选择导线截面

按经济电流密度选择导线截面所用的输送容量，应考虑线路投入运行后5~10年电力系统的发展规划，在计算中必须采用正常进行方式下经常重复出现的最大负荷。但在系统还不明确的情况下，应注意勿使导线截面选得过小。

导线截面的计算公式为：

$$S = \frac{P}{\sqrt{3}U_e J \cos\phi}$$

式中，S——导线截面；P——输送容量，kW；U_e——线路额度电压，kV；J——经济电流密度，A/mm^2；$\cos\phi$——功率因素。

由于我国幅员辽阔，各地的电网送电成本存在明显的差异，各地的经济电流密度也不同，但目前我国还没有制定出合适的数字，现仍可以参考我国1956年电力部颁布的经济电流密度，参考表 3-2-1 中的数值。

表 3-2-1　经济电流密度（A/mm²）

导线材料	最大负荷利用小时数 T_{max}		
	3000 以下	3000~5000	5000 以上
铝线	1.65	1.15	0.90
铜线	3.00	2.25	1.75

2. 按电晕条件校验导线截面

随着我国运行电压不断升高，导线、绝缘子及金具发生电晕和放电概率的增加，220kV 及以上电压线路的导线截面，电晕条件往往起主要作用。

导线产生电晕会带来两个不良后果：①增加送电线路的电能损失；②对无线电通信和载波通信产生干扰。

关于电晕损失，若直接计算出送电线路的电晕损失，其优点是数量概念很清楚，缺点是计算烦琐。目前已很少采用这种方法。现在趋向于用导线最大工作电场强度 E_m（单位为 kV/cm）与全面电晕临界电场强度 E_0 之比值来衡量，E_m/E_0 的比值不宜大于 80%~85%。

试验表明：当 $E_m/E_0=0.8$ 时，起始电晕放电；当 $0.9<E_m/E_0<1$ 时，有较大的电晕放电；当 $E_m/E_0>1$ 时，则全面电晕放电。

关于电晕对载波通信的干扰，主要通过对导线表面最大电场强度来衡量（取三相导线的中间相）。

关于电晕对无线电的干扰，在无线电收、发设备离开送电线路一定距离后，干扰迅速衰减，如距边线 60m 以外，干扰电平仅剩下 5%，所以实际上可以认为没有问题。

关于不必验算电晕的导线最小截面，武汉高压研究所推荐：导线表面电场强度与全面电晕电场强度的比值为 0.8 时，海拔不超过 1000m，一般不必验算电晕的导线最小直径，这些最小直径间表 3-2-2。

表 3-2-2　电晕导线的最小直径（mm）

额定电压（kV）	110	220	330			500			750		
导线外径	9.60	21.40	33.60	2×61.60	3×17.10	2×36.24	3×26.82	4×21.60	4×36.90	5×30.20	6×25.50

武汉高压研究所还推荐，在年平均电晕损失 ΔP 不大于线路电阻损失的 20% 时，按此标准建设的输电线路，即可保证导线的电晕放电不至于过分严重，又避免了对无线电设施的干扰，降低了电能损耗，提高了电能传输效率。线路所经过的海拔地区超过1000m，不必验算电晕的导线最小直径，这些最小直径见表 3-2-3。

表 3-2-3　电晕导线的最小直径（mm）

额定电压（kV）		110	220	330	参考海拔（m）
导线结构					
0.89	外径	9.1	21.4	2×20.0	1120
	相应导线型号	LGJ-50	LGJ-240	2×LGJ-240	
0.79	外径	10.6	24.8	2×24.5	2270
	相应导线型号	LGJ-70	LGJJ-300	2×LGJJ-300	
0.7	外径	12.0	28.5	2×29.3	3440
	相应导线型号	LGJ-95	LGJJ-400	2×LGJJ-500	

3. 按导线长期容许电流校验导线截面

选定的架空输电线路的导线截面，必须根据各种不同的运行方式以及事故情况下的传输容量进行发热校验，即在设计中不应使预期的输送容量超过导线发热所能容许的数值。

按容许发热条件的持续极限输送容量的计算公式为：

$$W_{max} = \sqrt{3U_e I_{max}}$$

式中，W_{max}——输送容量，MVA

U_e——线路额定电压，kV

I_{max}——导线持续容许电流，kA

表 3-2-4　钢芯铝绞线长期允许载流量（A）

导线型号	70℃	80℃	导线型号	70℃	80℃
LGJ-10		86	LGJQ-150	450	455
LGJ-16	105	108	LGJQ-185	505	518
LGJ-25	130	138	LGJQ-240	605	651
LGJ-35	175	183	LGJQ-300	690	708
LGJ-50	210	215	LGJQ-3001		721
LGJ-70	265	260	LGJQ-400	825	836
LGJ-95	330	352	LGJQ-4001		857
LGJ-951		317	LGJQ-500	945	932
LGJ-120	380	401	LGJQ-600	1050	1047
LGJ-1201		351	LGJQ-700	1220	1159
LGJ-150	445	452	LGJJ-150	450	468

续　表

最高允许温度　导线型号	70℃	80℃	最高允许温度　导线型号	70℃	80℃
LGJ-185	510	531	LGJJ-185	515	539
LGJ-240	610	613	LGJJ-240	610	639
LGJ-300	690	755	LGJJ-300	705	758
LGJ-400	835	840	LGJJ-400	850	881

需要说明的是，在一定环境温度下（如为 +40℃）运行极限容量的输电线路，其导线温度必然是超过环境温度的（如为 +70℃）。所以，严格地讲，送电线路导线的最大弧垂应按导线在极限容量运行时本身的温度来考虑。但我国现行的线路设计规程却是按最高环境温度（或覆冰情况）来设计最大弧垂的，因为这一规定已考虑了前述因素，并兼顾了导线对地距离与交叉跨越的标准，线路的经济性和运行的安全性等因素，实践证明是适宜的。

4. 按电压损失校验导线截面

《电能质量供电电压允许偏差》（GB/T12325-2008）规定供电电压允许偏差为：

① 35kV 及以上供电电压正、负偏差的绝对值之和不超过额定电压的 10%；② 10kV 及以下三相供电电压允许偏差为额定电压的 ±7%；③ 220V 单相供电电压允许偏差为额定电压的 +7%、-10%。

《农村电网建设与改造技术导则》（DL/T5118-2000）中规定对农网各级线路的电压损耗限制在表 3-2-5 所列数值范围之内。

表 3-2-5　各级线路电压损耗限制值

线路电压 kV	110.00	66.00	35.00	10.00	0.38
电压损耗（%）	4.5~7.0	4.5~7.0	5.0	2.5~5.0	7.0

在计算中如电压损耗不超过上述规定就认为是可行的。如电压损耗超过上述规定时，首先应考虑改进系统接线，合理分配负荷以降低电压损失；其次是提高负荷的功率因素，用并联电容器作为调压措施之一。我们认为，在使用带负荷调压变压器时，线路电压损耗可适当减少。一般来说，加大导线截面对降低电压损耗效果不明显，但线路投资增加较多，也是不经济的。

5. 按机械强度校验导线截面

为了保证架空线路必要的安全机械强度，对于跨越铁路、通航河流和运河、通信线路、居民区的线路，其导线截面不小于 35mm²。通过其他地区的导线截面，按线路的类型分，容许的最小截面列于表 3-2-6 中。

表 3-2-6　按机械强度要求的导线最小容许截面（mm²）

导线构造	架空线路等级		
	Ⅰ类	Ⅱ类	Ⅲ类
单股线	不许使用	不许使用	不许使用
多股线	25	16	16

（三）导线材料选择

目前国内导线有钢芯铝绞线、铝合金绞线和铝包钢绞线几种。铝包钢绞线一般用于短路容量较大的架空地线上或用于大跨越处，一般工程由于其价格较高而较少采用，需视线路性质通过技术经济比较来确定。铝合金绞线由于导线较轻，有一定的经济意义。多年运行经验表明钢芯对安全运行较有保证，因此近年来 6~10kV 都普遍采用钢芯铝绞线，而拒绝采用纯铝导线。铝合金绞线无钢芯，导线的机械过载能力较低，同时导线电阻率较高，其电能损耗较钢芯铝绞线高，在提倡节能的今天铝合金绞线更难推广。

对于钢芯铝绞线，早期分为轻型（LGJQ）、正常型（LGJ）和加强型（LGJJ）。以往正常情况下，截面在 300 及以上多选用轻型，240 及以下选用正常型，大跨越选用加强型，近几年来有减少钢芯的趋势。在最新出版的《国家电网公司输变电典型设计》中，300mm² 的导线一般采用 40mm² 的钢芯（钢管杆因安全系数提高，钢芯可降为 25mm²）；240mm² 的导线钢芯已从以往常用的 40mm² 降为 30mm²，导线重量减少 4.1%；其余95~150mm² 的导线如均降低一号钢芯，导线重量可减少 8.6%~14.0%。虽然减少钢芯会使导线弧垂稍有增加，有可能增加电杆数量，但总的来说基建投资仍可节省一些；此外，减少钢芯后导线与地线更易配合，杆头尺寸也可以小些，导线张力减少，也可减轻耐张杆塔的荷载。难说减少钢芯后导线的安全系数仍和过去一样（不少于 2.5），但其过载和抗振能力要差些。

三、高压输电线对周边环境的影响

高压输变电设备产生的工频电磁场强度一般与电压、电流、相线距离及塔高等因素有关。虽然绝大多数高压输变电设备产生的工频电磁场强度都没有超过国家推荐的践行的标准限值，但近年来随着用电量的增加及城农网改工程的实施，110kV 和 220kV 高压设备进入城市中心区，以及高压输变电设备同塔架设、紧凑型设计等技术的应用，工频电磁场对人类生活环境的影响越来越突出，主要表现在下述几个方面：

（一）对周边动物的生存影响

从象山高压输电线路周边居民的调查中得知从高压线架设以来周边时有动物发疯死亡。据发表在 *J Of Pub Health And Prevmed 2012* 的研究成果表明工频电磁场通过影响松果体褪黑激素水平来影响动物的神经系统，从而导致动物过度抑郁而死。Ahlbom 等的分析结果表明，居住在 ≥ 0.4μT 磁场周围的儿童，其白血病发病的相对危险度（relativerisk，RR），亦称危险度比，是暴露组的危险度（测量指标是累积发病率）与对照组的危险度之比）为 2.00。故 Shen 等人用小鼠长时间暴露在 50Hz 的高压交流输电线周围，经过三十二周以后发现淋巴细胞进入肝脏的恶性转移率在实验组跟对照组之间分别为 50.0% 和 16.2% 有显著差异。由此可见高压工频输电对周边环境生存的动物的健康有相当明显的影响，为此相关部门应当作出与之相对的措施。

（二）对居民通信的影响

高压输电线路对通信线路的影响包括静电感应和电磁感应。由于静电耦合作用，输电线路的电场会在邻近的通信线路上产生感应电压，即静电感应。同样，输电线路的磁场也会在邻近的通信线路上产生感应电压。因为通信线路音频通道的工作频率一般为 300~3400Hz，而输电线路中的许多谐波正好落在这个频率范围内，所以一般规定系统中的谐波等效干扰电压值应低于系统额定电压值的 1% 才能符合要求。实测和计算结果表明：在距输电线路 50m 以内，电场的影响较大，是干扰通信的主要因素；而在距离 100m 以外，静电影响可以忽略不计。磁场的影响很小，相比之下可以忽略不计。

（三）对居民感知方面的影响

从对生活在象山边上高压输电线路居民的调查中发现，生活在该区域的人们时常会出现如下几种感觉。

1. 风吹感

风吹感是由于人们在等电位作业时，等电位人员面部总有较明显的微风吹拂的感觉，这主要是人体表面的电荷在电场力的作用下做功的表现。由于人的面部是无屏蔽的裸露部位，面部的鼻子又是尖端，因此电荷密度大，电场也较强，所以在和高压输电路周边产生的工频电场相互作用时会感到的风吹感。

2. 蛛网感

在高压强电场中由于人的面部没有屏蔽措施，时常还会出现另一种特殊的感觉——蛛网感。这种现象仍是高压电场尖端效应的结果。面部神经在密集游动电荷的作用下产生这种特有的感觉，经实践证明这种现象不仅与电场高低有关而且与气象条件有很大关系，特别是在夏天高温季节等电位作业人员出汗较多的时候，这种现象更为明显。

3. 嗡声感

嗡声感主要是来自工频交流电场周期性的变化作用到屏蔽服上所引起的机械振动，它的声音与频率恰似通电运行的变压器的嗡声。

（四）高压交流工频电场对人体健康的影响

1. 躯体效应

躯体效应分为热效应和非热效应。关于热效应的机理已经了解得比较清楚，人体接受电磁辐射后，体内的水分子会随电磁场方向的转换快速运动而使机体升温。如果吸收的辐射能很多，靠体温的调节来不及把吸收的热量散发出去，则会引起体温升高，并进而引发各种症状。

对非热效应的机理了解得还不充分，但确实存在这种效应，即吸收的辐射能不足以引起体温升高但确会出现生物学的变化或反应，这类效应包括神经衰弱症候群，据报道电磁辐射也会引起癌症。

2. 种群效应

种群效应不是短时间内可以观察到的，它也许会使人类变得更加聪明，也许会使人类的发展受到影响。长期以来，关于工频电磁场对中枢神经系统有无影响的问题，各国学者一直有着不同的看法。国内外许多关于高压、超高压输电线和变电站的劳动卫生学调查报告指出，神经衰弱和记忆力减退是工频电磁场作业人员最常见的症状，但缺乏客观检查结果。目前认为工频电磁场对中枢神经的作用主要由电场引起，这一观点可在动物实验中得到佐证。

关于工频电磁场与肿瘤发生的关系，许多调查发现，电磁场的职业暴露虽然可能增加肿瘤的发生风险，尤其是白血病、淋巴系统肿瘤和神经系统肿瘤，但这种风险程度并不高，没有统计学意义。但应该指出的是，如果在生产环境中同时存在其他较强的致癌因素时，工频电磁场的这个作用就不容忽视了。

工频电磁场对生殖的影响。国外有关人员，如 Nordstrom 等首次报道表明，对 542 名电厂工人进行回顾性调查发现，凡父亲在高压调度室工作的，子女患先天性畸形的比例会有所增高。

其他方面的影响主要有头痛、恶心、目眩、彻夜失眠、辐射局部烧灼感等。一般经过数天、数周或更长时间休息后，症状一般均可消失。

（五）相关的应对措施

为了减轻和防止高压输电线路电磁辐射对环境的影响及对人体健康的危害，结合前文的分析，拟提出如下减缓措施：

1. 对于 110kV 线路杆塔及变电所构架上进行间接作业时（人处于大地电位作业包括杆塔紧螺丝工作）应穿导电鞋，将电场引起的人体电流（暂态及稳态）限制在 1mA 以下。

2. 在超高压输变电设备上进行等电位作业及采用中间电位法的作业必须穿合格的全套屏蔽服，并注意各部连接可靠，作业中不允许脱开。

3. 攀登 500kV 杆塔构架时，人体的静电感应是很强的，为防止人体受电场及电磁波的影响，一定要穿全套屏蔽服作业。最好穿用 A 型或 B 型屏蔽服，使人的体表场强限制在 15kV/m 以下，流经人体的电流不大于 50μA。

4. 建立线路保护区，对高压输电线路保护区必须严格按照设计标准进行；设立无线电设施防护距离，高压（330~500kV）线路与无线电中心的最小距离应符合设计标准；确立高压输电导线的对地设计距离，高压（220kV、500kV、750kV）输电导线对地距离应符合设计标准。

另外，考虑到实际的架设情况，在相邻铁塔间可能存在凸起的建筑物或人群活动较频繁的区域等，为确保安全，还规定在高压输电线路走廊下新建房屋距边导线的垂直距离不得小于15m，旧房为5m。同时在实际操作中遵照的标准应适当提高。

5. 建立卫生防护走廊。对220kV以上的超高压输电线路必须建立卫生防护走廊，走廊宽度为40~50m，走廊下的障碍物（树木等）应基本清除干净。

6. 为保障高压输电线路附近居民的身心健康，建议在250~300m规定范围内不建住宅和人群密集的活动场所。

7. 在合理设计接入系统，控制并降低架空电力线干扰电平的同时，采用良好的施工方法，保护导线、金属和绝缘子不受损伤，同时加强运行维护。

8. 按照架空高压输电线路对无线电干扰防护间距，当架空电力线路经过广播收音台或电视差转台附近时，应尽量从这些台的非主要信号接收方向一侧通过。

9. 架空电力线在局部地段可采用降低导线表面电场强度的措施，在变电站（所）可采用降低母线及设备引线表面电场强度的措施。

10. 高压输电线路下，表面积很大的金属物体必须良好接地，否则会对人产生电击。同时，人员容易误入的危险区域应设有警告标记。凡经计算或用场强计测量确定为危险区域，不允许人员在未采取防护措施的情况下进入。

11. 在线路设计中采取提高导线对地高度、双回路导线逆相布置以及高、低压导线分层架设等措施，都会获得降低地面场强的效果；在运行中对工作人员采取局部屏蔽和限制工作时间等保护措施，也能起到减少电磁辐射的作用。

第三节　电力线路的巡视和维护

一、运行组织

（一）管理方式

为适应电力网的管理特点，输电线路的运行组织有以下几种形式：

1. 集中管理

一个地市级供电部门的所有输电线路由一个线路工区负责维护。工区下设运行班、检修班、带电作业班和技术管理组等。其优点是专业化强；缺点是当线路过长时，路途往返消耗时间过多，特别是事故巡线和处理不及时，这种形式适合线路较集中的地区。

2. 分散管理

一个地市级供电部门的输电线路由几个县（市）供电局分片负责维护。这种形式的优缺点正好与第一种形式相反，因而适用于线路比较分散的地区。

3. 集中与分散结合的管理方式

一个地市级供电部门的输电线路，大部分主要线路由市电业局运行维护，其余部分由县供电局运行维护，并负责各自管辖范围的输电线路正常大修和事故抢修。这种管理方式适用于既有比较集中或特别重要的输电线路，又有相对分散的线路。这是目前各电业局大多采用的管理方式。

（二）线路通道安全管理

由于输电线路距离长、分布广，受外力的影响较多，为保证线路安全运行，及时发现并制止危及线路的障碍或行为，输电线路的通道可采取分层承包的管理方法。根据电力部门的组织机构，各地设有县、乡供电部门，对经过县、乡管辖地域的输电线路通道，由县、乡供电部门承包管理，线路产权单位（市供电部门）制订《线路通道承包管理条例》和《定期责任考核办法》，并和承包单位签订线路通道管理承包协议书，且每年支付一定的承包费用。

（三）线路分界点管理

超高压输电线路大多为跨地区线路，按照规程规定必须划分线路维护管理分界点。划分线路维护分界点的目的是为了明确线路维护职责，避免由于职责不清，出现管理"死角"而导致事故的发生。

（四）线路人员培训

输电线路的运行维护人员数量，一般按所运行维护的线路长度确定，500kV 线路定员可适当增加。

对线路运行人员应结合本单位的实际情况进行专业技术训练班，组织技术规程学习，技术问答，反事故演习和事故预想，组织技术报告、技术讲座，学习先进工作方法，传授先进经验，组织技术比武等。

（五）人员配置

各送电工区应设置专责工程师，运行班和检修班应设技术员负责技术管理工作。每个运行班和检修班的成员应由初、中、高三种技术等级的工人适当组合而成，以充分发挥各级工人的优势。巡线员必须由有一定检修经验的技工担任。

二、巡视与检查

输电线路的运行监视工作，主要采取巡视和检查的方法。通过巡视和检查来掌握线路运行状况及周围环境的变化，以便及时发现缺陷和隐患，预防事故的发生，并为线路检修提供内容，以确定检修的内容。

架空输电线路的巡视，按其工作性质和任务以及规定的时间不同，分定期巡视、特殊巡间巡视、故障巡视、夜间巡视、故障巡视、登杆巡视和登线巡视。

（一）定期巡视

定期巡视也叫"正常巡视"。目的是为了全面掌握线路各部件的运行情况及沿线情况。巡视周期一般每月至少一次，在干燥或多雾季节、高峰负荷时期、线路附近有施工作业等情况下，应当对线路有关地段适当增加巡视次数，以便及时发现和掌握线路情况，采取对策，确保线路安全运行。

（二）特殊巡视和夜间巡视

1.特殊巡视

特殊巡视是在发生导线结冰、雾、冰雪、河水泛滥、山洪暴发、火灾、地震、狂风暴雨等灾害情况之后，对线路的全段、某几段或某些元件进行仔细的巡视，查明是否有什么异常现象，以及在线路异常运行和过负荷等特殊情况下进行的巡视。

2.夜间巡视

夜间巡视是为了检查导线连接器及绝缘子的缺陷。夜间巡视应在线路负荷较大、空气潮湿、无月光的夜晚进行。因为在夜间可以发现白天巡线中不能发现的缺陷，如电晕现象；由于绝缘子严重污秽而发生的表面闪络前的局部火花放电；由于导线连接器接触不良，当通过负荷电流时温度上升很高，致使导线的接触部分烧红的现象等。

（三）故障巡视

当线路发生故障时，需立即进行故障性巡视，以查明线路接地及跳闸原因，找出故障点，查明故障情况。

故障巡线特别需要注意安全，如发生导线断落地面时，所有人员都应站在距故障点8~10m以外设专人看守，禁止任何人走近接地点，并设法及时报告有关领导，以便尽快组织抢修。

（四）登杆巡视

在地面检查较高杆塔上部的各部件看不清楚或发生疑问时，可登杆塔并保持足够的带电安全距离进行观察，如绝缘子顶面遭受雷击闪络痕迹、裂纹、开口销、弹簧销、螺帽是否处在正常状态，导线与线夹接合处有无烧伤等。但登杆塔巡视必须在有人监护的情况下进行，单人巡视时不得进行此项工作。

（五）登线巡视

登线巡视是为了弥补地面巡视的不足，一般只在个别地段进行，如爆破区、对导线有腐蚀性质的污秽区、有明显电晕现象的线档等，登线巡视可以正确地检查出导线、导线线夹、间隔棒、连接管、补修金具的缺陷。

登线巡视最好结合停电检修进行，必要时也可以带电进行，但必须遵守带电作业有关规定，确保人身和设备安全。

（六）巡线人员的主要工作内容

（1）按照巡线周期和对线路的巡视检查要点，做好线路的巡视检查。

（2）对巡视检查中新发现的缺陷及威胁线路安全运行的薄弱环节做好记录分析，经常掌握线路缺陷底细及重大缺陷的变化规律，督促领导及时处理重大缺陷，按时填报缺陷单和检修卡片。

（3）做好线路技术资料、图纸、台账的管理，不断积累运行经验。

（4）经常了解线路负荷情况。

（5）做好群众护线的宣传教育。

（6）参加线路基建、改进、大修工程的竣工验收及线路评级工作。

三、维护与管理

（一）绝缘子清扫

在潮湿天气，脏污的绝缘子易发生闪络放电，所以必须清扫干净，恢复原有绝缘水平。一般地区一年清扫一次，污秽区每年清扫两次（雾季前进行一次）。

1. 停电清扫

停电清扫就是在线路停电以后工人登杆用抹布擦拭。如擦不净时，可用湿布擦，也可以用洗涤剂擦洗。如果还擦洗不净时，则应更换绝缘子或换合成绝缘子。

2. 不停电清扫

一般是利用装有毛刷或绑以棉纱的绝缘杆，在运行线路上擦绝缘子。所使用绝缘杆的电气性能及有效长度、人与带电部分的距离，都应符合相应电压等级的规定，操作时必须有专人监护。

3. 带电水冲洗

带电水冲洗有大水冲和小水冲两种方法。冲洗用水、操作杆有效长度、人与带电部距离等必须符合专业规程要求。

（二）杆塔的维护检修

1. 杆塔部件缺少的处理

根据巡视结果提供的检修内容和图纸，补加铁塔角钢、螺栓、螺帽和脚钉、拉线棒、UT型线夹和拉线等，及时恢复设备原有状态。

2. 杆塔和拉线基础

一般杆塔、拉线基础周围被取土后可以培土处理，还可临时用草包装土垒成草包堆，再根据现场情况设计混凝土石台护坡进行加固。

3. 铁塔金属基础和拉线棒地下部分锈蚀检查和处理

金属基础和拉线地下部分一般都经过热（电）镀锌处理。检查时，可刮掉表层锈蚀部分，用游标卡尺测量完各部分的尺寸，并做记录。金属基础防腐处理，一般采取两种办法：一种是在金属周围浇注一定厚度的火山灰质混凝土防护层；另一种适合干旱地区的涂刷防腐漆。

4. 杆塔倾斜调整

（1）新立的杆塔，因为回填土不实不匀，经过一段时间运行或经过风雨后，杆塔本体易产生倾斜，因此，在投入运行的第一年要经常调整拉线扶正杆塔。

（2）转角杆发生倾斜，有两种处理方法：一是停电将导、地线松解，先调整电杆，收紧拉线，然后调整导、地线弛度后挂线；二是带电处理，增加适当的拉线，与原有拉线同时缓慢收紧拉线，调整横担吊杆，增设横梁以减小电杆绕曲，在统一指挥下施工，最后达到扶正电杆的目的。

5. 电杆损坏修补和铁塔生锈刷油漆

电杆由于制造质量差、运输过程中碰撞或施工、运行中局部弯曲力过大，在经过长期运行后，电杆的个别部位会出现裂纹、裂缝，水泥脱落露钢筋，甚至出现孔洞。对裂缝宽可涂刷环氧树脂水泥浆防水层，以防钢筋与大气接触，减少锈蚀程度或采用喷水泥砂浆法修补。

6. 导线和避雷线断股检查

导线和避雷线在档距中部断股可以通过巡视发现，但导线与避雷线在线夹内的断股则不易发现。这种断股应打开线夹检查，一般应停电进行。

7. 保护区内砍伐树木

对保护区内树木和保护区外超高的树木，当生长高度不满足对线路的安全距离时，对线路安全将构成威胁，必须有计划地及时砍伐，以使树木与线路间保持一定的安全距离。

（三）电力线路防风

风对线路的危害，除了大风引起倒杆、歪杆、断线等造成架空电力线路停电事故外，还会因风在较低风速或中等风速情况下使导线和避雷线引起振动，发生导线损伤或导线跳跃，造成碰线、混线闪络事故，严重时会因导线振动造成断线、倒杆、断杆事故。

线路防风措施：安装防震锤或加装护线条，减少发生振动的概率。适当调整导线弧垂，降低平均运行应力可降低导线的振动，加强线路维护，提高安装和检修质量。另外，还可以采取加长导线横担、加强导线间距离等措施。

（四）电力线路雷害

线路上的防雷，可在特殊地段加装测雷附属设施（如线路避雷器、磁钢棒、光导纤维、招弧角、可控避雷针、耦合地线等），建立设备档案及运行记录并密切加以监视，及时记录雷击动作情况。还应建立必要的检修、试验、轮换制度，确保装置运行的可靠性。

对输电线路本体上的防雷设施（绝缘子、避雷线、放电间隙、屏蔽线、接地引下线、接地体等），应按周期进行巡视和检查；及时对损坏的防雷设施加以修复或更换。雷击多发区加强接地电阻的测试，接地电阻有变化时应及时查明原因，进行整改，保证接地装置合格与完好。

（五）电力线路防污

输电线路长期暴露在大自然中，特别是在工业区域和盐碱地区域，输电线路经常受到工业废气或自然界盐碱、粉尘等污染，通常在其表面会形成一定的污秽。在气候干燥的情况下，污秽层的电阻很大，对运行没有危险。但是，当遇到潮湿气候时，污秽层被湿润，此时就可能发生污秽闪络。

（六）电力线路防腐蚀

铁塔、混泥土杆以及金属的金属构件都由钢铁材料制成。铁与大气中的氧、二氧化碳、酸和盐等物质极易产生化学反应，俗称"生锈"。塔材在锈蚀后，截面迅速减小，强度降低，造成倒杆、断线事故。绝缘子悬挂点，塔材锈蚀物随雨水淌到绝缘子上，会大大降低其绝缘强度，引发污闪事故。

利用电镀或热度锌，可以在钢铁的外层包裹上一层化学性质稳定、不易发生腐蚀的金属锌，从而使其同大气中的有害成分隔绝，达到防止腐蚀的目的。另外，还可以在镀锌塔材表面涂刷一层防化学腐蚀的油漆，以达到防腐的目的。

（七）电力线路防止鸟害

鸟类在输电线路杆塔上叼树枝、铁丝、柴草等物筑巢，当铁丝或鸟巢等物落在横担与导线之间，会造成线路故障。体型较大的鸟类或鸟类争斗时飞行在导线间可能造成相间短路或单相接地故障。鸟在绝缘子上方排泄，粪便会沿绝缘子串下淌，在空气潮湿、大雾时易发生闪络或造成单相接地。

防鸟害，一是加装防鸟器和防鸟罩办法，限制了鸟类在输电线路上活动的范围；二是彻底拆掉鸟巢，根据鸟类的恋居性，经常在同一地点反复筑巢的特点，做到随筑随拆，迫使鸟类迁移；三是根据鸟害出现的季节性，制订巡视周期，在鸟害高发期，针对严重区域增加巡视，缩短巡视周期。

（八）电力线路防止外力破坏

输电线路遭受外力破坏往往是难以预测或突然发生的，其危害性很大。为防止人为故意破坏应对易于发生人为故意破坏的线路或区段，加强线路巡视，必要时可缩短巡视周期或增加特巡，及时掌握邻近或进入保护区内出现的各种施工作业（建筑施工、种植树木等）情况；在铁塔主材各接头部位的螺栓、距地面以上一定高度（至少8m）以内及拉线下部的螺栓，应采用防盗螺栓或其他防盗措施；加强电力设施保护的宣传，使《电力法》《电力设施保护条例》及《电力设施保护条例实施细则》等法规广为人知；建立健全群众护线制度，明确群众护线员职责并落实报酬，充分发挥其作用；配合地方政府堵塞销赃渠道，在必要地方及线路附近或杆塔上加挂警告牌或宣传告示。

（九）电力电缆的维护

1. 电缆线路的巡视

线路巡视应由专人负责，并根据具体情况制定电缆线路的巡视周期、检查项目，较大的电缆网络还可分块，配备充足的人员进行巡视工作。巡视中发现的缺陷，应分轻重缓急，采取对策及时处理，并做好记录，归入资料专档。根据电缆线路负荷、季节及基建工程的具体情况，应增加巡视次数，必要时应进行夜间巡视、特殊天气巡视及电缆线路负荷高峰期间的巡视。

2. 电缆线路的监护

电缆线路事故，多数是由外力机械的损坏造成的。为了防止电缆线路的外力损坏，必须重视挖掘监护工作。经运行部门同意在电缆线路保护范围内进行施工的工程，由运行部门通知运行班组派人到现场监护。监护人员应向施工单位介绍电缆线路的走廊、走向、埋设深度等。并按电缆线路的装置要求，指导施工人员做好电缆线路的临时保护措施。

四、电力线路的技术管理

（一）线路缺陷管理

线路缺陷管理是管好、修好线路的重要环节。及时发现和消除线路缺陷，是提高线路健康水平、保证线路安全运行的基础。运行中的线路部件，凡有不符合有关技术标准规定的，都叫作线路缺陷。

线路缺陷主要从四个方面发现，即巡线、检修、测试和其他方式。

运行班根据缺陷情况，分别列入年、季、月度检修计划或大修中予以消除。

线路设备缺陷按设备缺陷的严重程度分为一般缺陷、重大缺陷和紧急缺陷三类。

（二）线路评级管理

输电线路设备评级工作是掌握和分析设备运行状况、加强设备管理、有计划地提高设备健康水平的一项有效措施，为线路安全运行提供可靠的物资基础。它不仅是线路技术管理的一项基础工作，又是企业管理重要的考核指标之一。通过设备评级，真正把设备用好、修好、管好，使设备经常保持在健康状况下安全经济运行。线路设备评级由线路工区（线路队）每半年进行一次，提出评级意见，报地（市）供电局生技科核定。

五、线路标准化作业

线路标准化作业是为强化生产现场标准化作业管理，规范生产作业人员行为和生产管理流程，做到作业有秩序、安全有措施、质量有标准、考核有依据，实现对作业现场安全与质量的全过程控制，它具有强制性和实用性、可操作性强等特点。

线路标准化作业指导书是对每一项作业按照全过程控制的要求，对作业计划、准备、实施、总结等各个环节，明确具体操作的方法、步骤、措施、标准和人员责任，依据工作流程组合成的执行文件。内容包括线路设备的运行检修、缺陷管理、技术监督、反措和安全要求等，注重作业的策划和设计，强调对现场实际进行危险点分析，做到作业活动全过程的细化、量化、标准化，保证作业过程处于"可控、在控、能控"状态，减少偏差和错误，以获得最佳秩序和效果。

第四节　电力线路检修

一、电力线路检修的准备

（一）检修原则

1. 设备检修是输电线路生产管理工作的重点内容之一。各级生产管理部门和运行单位必须加强线路的检修管理，认真做好检修工作，保持设备处于健康完好的状态。

2. 必须贯彻"预防为主"的方针，坚持"应修必修，修必修好"的原则，按线路巡视、各种检测和数据分析的结果安排检修作业项目。条件成熟的也可开展状态检修。

3. 根据具体情况采取停电或带电作业方式进行检修，尽量减少停电检修次数，提高线路的可用率。

（二）检修设计

线路检修工作应进行检修设计，即使是事故抢修，在可能的条件下，也应进行检修设计。每年的检修工作应根据线路的缺陷情况，线路运行测试结果，反事故技术措施要求，行之有效的新技术、新材料及技术革新，上级颁布的相关技术资料进行检修设计。

检修设计的内容应包括：杆塔结构变动情况的图纸，杆塔及导线限距的计算结果，杆塔及导线的受力复核，检修方案的比较，需加工的设备材料图纸，检修施工需达到的目的及效果等。

（三）检修材料及工具准备

检修工作开始前，应根据检修工作计划中的检修项目编报材料、工具计划表、必须的材料及备品备件。检修材料需事先加工好，进行电气强度试验、机械强度试验，并做好相关记录。检查必要的工器具、运输工具、起吊工具等。

此外，还要准备好检修工作的场地。对于准备好的材料及工器具，需事前运到工地现场的，经大运及小运搬运至检修工作现场。其他小材料，应存放在特定场所或由检修人员带到现场。

（四）检修施工组织

线路检修作业需根据施工现场情况，将施工人员分为若干班组，并制定班组的负责人及班组安全负责人，还需制定材料、工程运输、工程技术管理和相关记录的人员。

施工前应编制"标准化作业指导书"或"施工组织设计"，明确安全措施、施工方法及质量标准，经审批后组织工作人员学习，使施工人员做到心中有数。制定现场作业中的安全注意事项及保障安全的措施，组织各班组相互检查，确保检修工作的安全和质量。

（五）事故预想

做好事故预想并制定相应的抢修方案，可以最大限度地减少线路突发事故造成的损失，最快地恢复线路正常运行。事故预想与事故抢修机制应同时建立，发生事故时两者须同时启动并运作。

1.建立事故抢修机制

线路运行单位应建立健全线路突发事故的抢修机制，以保证突发事故出现时快速组织抢修与处理。抢修机制包括：抢修指挥系统及人员组成、通信手段及联络方式、作业机具、车辆、抢修材料的准备等。

2.典型事故抢修预案

典型事故抢修，指由于自然灾害（如地震、泥石流、大风、洪水等）或外力破坏造成的线路故障，并已形成"永久性"接地，且不能按检修周期安排处理而被迫进行的检修工作。针对线路倒杆塔抢修、导地线断线抢修、绝缘子或金具脱落（掉线）等典型事故抢修预案，应落实事故抢修的技术措施，并将保证抢修作业的安全措施结合有关安全规程的规定编入其中。

二、电力线路检修项目及周期

（一）电力线路检修类型及项目

电力线路的检修是根据检修和测量的结果，进行的预防性修理工作。其目的是为了消除在线路巡视和检测中发现的各类缺陷，以预防事故的发生，保障安全、可靠供电。

为了维持输配电线路设备的安全运行和必须的供电可靠性进行的工作称为维修。

为了提高设备的健康水平，恢复输配电线路及其附属设备至原设计的电气性能和机械性能而进行的检修称为大修。

　　为提高输配电线路的供电能力，改善系统接线而进行的更换、增建或拆除部分线段等工作称为改造。

　　由于地震、冰雹、暴风、洪水、外力破坏等造成的线路倒杆、断线、金具损坏等停电事故进行的抢修工作称为事故抢修。

（二）电力线路检修周期

　　电力线路的检修、维护项目，应根据设备状况及巡视、检测结果确定。绝缘子清扫、杆塔螺栓检查紧固、杆塔接地电阻测试等检修标准项目有固定的周期规定。

（三）架空线路的检测

　　检测工作是发现设备隐患、开展预知维修的重要手段。架空线路的检测按规定的周期进行，项目一般有杆塔、绝缘子、导线地线、金具、防雷设施及接地装置、其他等。

（四）电缆线路的检修

　　电缆线路大修是指按计划对线路设备全部更换或更换修理主要部件、配件。

　　电缆线路改造是指对现有线路设备和辅助性设施进行完善、配套和改造，采用新技术和先进设备更换落后、安全性差、不满足生产运行需要的设备。

　　电缆线路的大修、改造工作由运行单位负责上报。运行单位每年根据电缆线路的评定等级和实际运行状态，提出下一年大修、改造计划，报上级部门审核、批准。局下达年度大修、改造计划后，由运行单位负责计划的执行。

（五）状态检修

　　线路状态检修本质上是一种检修管理模式，即根据设备状态分析的结果，兼顾设备在电网中的重要性，对检修周期及检修方案进行灵活的调整，进而对不同状态的设备采用不同的检修策略。

　　运行单位每年应对线路进行设备评级和安全性评价。根据状态检测的绝缘子附盐密度和运行经验，确定线路清扫周期或计划；根据状态检测的瓷（玻璃）绝缘子的劣化率（自爆率），确定瓷质绝缘子检零周期或更换零值瓷绝缘子（破损玻璃绝缘子）计划；根据状态检测红外线测温结果，开展导线线夹、接续金具、导线跳线引流连接板、并沟线夹等的检修工作（紧固或更换）。

三、施工验收

　　在线路工程全部或部分工程竣工后，应依据设计图纸、规程规范和有关技术资料，对线路工程进行详细的检查验收，以便及时发现问题及时处理。

　　验收检查由建设单位组织设计、施工、运行等有关人员进行互检。一般按照隐蔽工程验收检查、中间验收检查和竣工验收检查等程序进行。

（一）隐蔽工程验收检查

隐蔽工程是指竣工后无法或不易检查的施工项目，所以应在隐蔽工程结束前进行验收检查。

（二）中间验收检查

中间验收检查应在施工完成一个或数个分部项目（基础、杆塔组立、架线、接地）后进行。其验收检查包括下列项目：铁塔基础、杆塔及拉线、架线、接地。

（三）竣工验收检查

竣工验收检查应在全工程或其中一段分部工程全部结束后进行，除中间验收检查所列各项外，竣工验收检查时应检查中间验收检查中有关问题的处理情况、障碍物的处理情况、杆塔上的固定标志、临时接地线的拆除、各项记录、遗留未完的项目。

（四）竣工试验

1.竣工试验

工程在竣工验收检查合格后，应进行线路绝缘子测定和相位鉴别、线路参数测定、线路递增加压和冲击合闸试验。同时应进行测定线路绝缘电阻、核对线路相位、测定线路参数、电压由零升至额定电压，但无条件时可不做；以额定电压对线路冲击合闸三次、带负荷试运行 24h 等电气试验。

2.移交竣工验收文件

为鉴定工程质量有关的原始施工记录，应在竣工时作为验收文件之一移交给建设单位。

第四章　电力变配电系统

第一节　变配电所类型及选址

建筑工程中的变配电所是指专门容纳电气装置的建筑物。从建筑物来看，配电室是容纳电源设备等动力源，装备有控制装置等生产核心设备的场所，从这个意义上说，配电室是重要的建筑物。

一、变配电所规划型式

（一）按层数分类

变配电所按层数分为平房和楼房。平房的优点是建设费用低，较重设备的设置、配线施工等都比较容易；缺点是占地面积大。楼房占地少，但建设费用高。一般是根据总面积与占地的关系决定楼层数。

（二）按功能分类

1. 变电所：功能是变换电压、接受电能、分配电能。主要设备是变压器、高压配电柜、低压配电柜等。

2. 配电所：没有变压器，只有配电柜进行接受电能和分配电能的功能。

3. 开闭所：没有变压器，功能是接受高压电能和分配电能。

（三）按构造分类

单元式是指将运输工具使用的集装箱、铝制房屋改装并在其中设置电气部件的单元式电气室。所装设的电气部件都是在工厂装配、配线并进行试验的，可以原封不动地用车辆运输。安装施工时把单元整体放在基础上，找正后用螺栓固定紧即可。顶棚、墙壁要求是全天候形式，耐腐蚀、绝热性、气密性都好。该方式专门用作小型变电所的开关室，变压器另设。

装配式变电所方式主要用于施工现场办公或者住宅小区。户外成套式变配电所价格低、工期短，但防尘、绝热性能差。其可以在小规模而且对防火防水墙壁、美观要求不高的场所。

二、变配电所选址

（一）变电所选址

1.变电站选址规划的重要性

变电站是电网中变换电压、汇集和分配电能的设施，主要包括不同电压等级的配电装置、电力变压器、控制设备、保护和自动装置、通信设施和补偿装置等。变电站选址定容是电力系统规划工作的一个重要环节，在电网规划中起承上启下的作用。它是在负荷预测的基础上进行的，其结果直接影响着未来电网的网络构架、运行经济性以及无功电源的配置等问题，而且变电站对整个电网的供电安全和供电质量也起着重要作用。总之，变电站站址、站容（简称变电站选址问题）优化规划是在小区负荷预测之后的一项十分重要的基础工作。合理地对变电站进行规划可以获得很大的经济效益；相反，变电站规划失误则会给国家的经济建设和人民生活带来不可弥补的损失。

2.影响变电站规划的因素

变电站选址是电力系统规划最重要的内容之一，尤其是在考虑变电站规划项目的整体成本时更是如此。一个新建站的确切位置受很多因素的影响：

（1）靠近供电区域的负荷中心以减少线路投资和电能损耗。高压变电站分布合理，接近供电区域的负荷中心时，将有效地缩短中压配电网的供电半径，为城市中低压配电网更加安全、经济的运行提供基础条件。如果在需要设置变电站的具体地点方面存在土地征用的困难，只能从有限的合适地点中进行选择，那么同样要对各种方案进行经济灵敏度分析，以取得最优站址。

（2）适应负荷发展的需要。由于负荷预测时存在不确定因素，因此高压变电站规划方案应能适应负荷的不确定性要求。例如，在负荷增长不确定时，应合理预留变电站站址。考虑到规划方案的长期适应性，变电站的占地面积应考虑最终规模要求。如果在进行城市规划时，预测到未来的负荷中心会发生转移，那么选址时变电站站址可以偏离现有负荷中心，靠近未来负荷中心。

（3）考虑变电站出线的需要。在选择变电站站址时，还应当考虑出线走廊的问题，如尽量避免中低压线路穿越铁路、河流等。

（4）综合考虑环境因素。变电站的规划要符合总体规划用地布局的要求，尤其是城市变电站规划，应与市容环境相协调。随着城市人口和建筑密度的增加以及工商业的发展，变电站的用地变得越来越紧张，这与大量基础设施的投入形成了尖锐矛盾。这一矛盾将随负荷的不断增长变得越来越突出。因此站址的选择应考虑周边环境情况，尽量使其占地面积小、外形美观、噪声小，起到节约用地、控制投资、协调景观等综合效应。

（5）尽可能地远离公用通信设施。由于电网发生接地故障时，变电站电位将升高，对邻近通信设施，如通信电台、飞机场、领航台、导航台、军事设施等发生危险影响，因此变电站应尽量远离通信设施。无法远离时应通过计算或试验进行校核，必要时应取得有关协议或书面文件。

（6）另外，变电站站址选择还应考虑靠近道路，便于大型设备的运输和线路的进出，避开易燃、易爆和严重污染地区，有良好的地质条件，符合防洪、防震等有关要求。

3. 变电站规划方法

在进行变电站规划时，新建变电站的地理位置、容量及供电范围都是未知的，各个变量之间相互影响、相互制约，它们的组合方案数目大得惊人；加之还必须综合考虑变电所的进出线走廊以及地形、交通、防洪、地质等条件，所以整个问题十分复杂。传统的规划方法是以方案比较为基础，由有关专家指定若干个可行方案，通过技术经济比较进行决策的。然而参加比较的方案往往是规划设计人员凭经验提出的，不可避免地包含很多主观因素，带有一定的局限性。近年来，随着计算机技术和优化理论的迅速发展，许多电力系统专家致力于应用计算机技术来解决电网规划问题，从而大大提高了规划的速度和质量，给传统的电网规划工作注入了新的活力。

方法一：传统的变电站选址方法仅仅考虑了技术上的要求，没有考虑到环境社会等多方面的因素，只选取网络布线投资作为目标函数，忽略了变电站固定和可变费用，这就必然会影响最后规划结果的最优性。

方法二：分支定界—运输模型来解决变电站选址问题，虽然取得了一定的成果，但是随着问题规模的扩大，分支定界法的计算时间呈指数增长，因此该模型还不能解决大规模的实际工程问题。

方法三：图像处理技术应用于变电站选址问题，提出了一种新颖的计算模型，但是该方法只适用于新建地区的变电站规划，还不能对变电站的容量进行优化选择，同样存在局限性。

方法四：此方法建立了配变电站的大小、位置、兴建时间及供电区域的模型。虽然此模型比较全面地考虑了约束条件并能规划大的系统，但是必须事先给出变电站的候选站址，因而降低了它的实用性。

方法五：运用启发式方法和人工智能／专家系统方法进行规划计算，但是当选出的变电站位置和城市设施冲突时，如站址选在繁华商业区，或者布线方向横跨居民区或者建筑物，此文只是提出该线路应该绕行或者完全放弃此方案，并没有提出完整的解决方案及算法模型。

方法六：该方法是一种变电站规划大规模自动寻优的方法，它是在小区负荷预测的基础上，无须事先指定水平年候选变电站的位置和数量，可以通过大范围的搜索，求得新建变电站的站址、站容和供电范围。该方法针对电网结构复杂、变电站数目较多、计算量庞大等特点，采用了试探组合和平面多中位选址等算法，可以在工程允许的计算精度下，求得较好的方案，大大降低了计算工作量。这一方法已经应用到实际工程中，完成了国内多个城市和地区的变电站选址定容的规划任务。

方法七：在方法六研究的基础上，提出了更加完善的、考虑线路投资影响的优化模型，采用了三角连续分割算法求解组合优化问题，并通过引入加速因子改善了选址计算的收敛特性，更好地满足了工程实践的要求。

4. 变电所的选址要求

（1）10kV 及以下变配电所所址选择

①所址接近负荷中心能减少配电线路的投资、电压降和电能损耗；

②所址不应设在有剧烈振动或高温的场所；

③所址不应设在爆炸危险环境或火灾危险环境的正上方或正下方或经常积水的场所，如浴室、厕所等的正下方，这主要是从变配电所的安全运行方面考虑的；

④多层建筑和高层建筑中，有油浸变压器的车间变电所，变电所宜放在底层靠近墙处，不应设在人员密集场所的正上方、正下方，贴近和疏散出口的两旁，主要是考虑一旦变压器发生爆炸后便于人员的疏散。

露天或半露天变电所不应设在下列场所：

①有腐蚀性气体的场所，如无法避开时，应采用防腐型变压器和电气设备。

②挑檐为燃烧体或难燃体和耐火等级为四级的建筑物旁，为的是防止变压器发生火灾事故时扩大事故面。对于四级建筑物，如采取局部的防火措施时可以放置。

③附近有粮、棉及其他易燃、易爆物集中的露天堆场，是指露天堆场距变压器在 50m 以内者。

④容易沉积可燃粉尘、可燃纤维、灰尘或导电尘埃场所，为的是曾有过棉花纤维聚积在变压器顶盖而引起闪络致使棉花纤维被点燃的故障。

（2）35kV~110kV 变电所所址选择

①靠近负荷中心能提高供电电压质量，减少线路投资和损耗；

②要考虑进出线方便，选址是要同时确定架空线和电缆线路的通廊；

③要尽量避开剧烈震动的场所；

④节约用地以减少征地费用；

⑤选址时具体分析风玫瑰图，将变电所放在受污染源影响最小处；

⑥要考虑变电所对邻近设施的影响，即地电位升高、电磁感应、噪声等对周围无线电收发讯台、机场、通信设施等的影响。

（二）配电室的选择

层数是根据配电室所需要面积和占地面积决定的。在决定配电室的尺寸时，要特别注意研究电气产品的尺寸及平面布置图，否则会出现电气设备容纳不下或房间利用率太低的问题。

配电室方式取决于规模，中小规模用装配式；建筑中对防尘或防热要求不严格时，用钢架式的较多，把配电室作为建筑物的一部分。特别是对防热、防尘、隔音、防气体等对环境要求严格的场合，多采用钢筋混凝土方式或钢架钢筋混凝土方式。

第二节　变配电所设计

变配电所在供配电系统中处于中心地位，设计好变配电所是供配电系统设计的关键，变电所设计要做到供电可靠、技术先进、经济合理、维护方便和保障人身安全。变电所设计应根据工程特点、规模和5~10年发展规划，处理近期建设和远期发展的关系，远近结合，以近期为主。变电所设计应统筹兼顾，综合负荷性质、用电容量、工程特点、所址环境、地区供电条件和节约电能等因素合理确定设计方案。变电所设计好采用的设备，应符合国家或行业技术标准，应优先选用技术先进、经济和节能的产品。

一、变配电所设计的准备资料和负荷计算

1.为了进行供配电设计，在此之前要集齐下列资料：

（1）向电力部门取得的资料

（2）向当地气象、水文地质部门收集的资料

最高年平均气温、最热月平均最高气温、历年极端最高最低气温，当地年雷暴日数及年雷电小时数，当地土壤性质、土壤电阻率，当地曾经出现过或可能出现的最高地震烈度，当地常年主导风向、历年最大风速，当地年降水量、积雪深度，地下水位及最高洪水位等。

（3）向电力用户收集的资料

建筑总平面图，各建筑（车间）的土建平、断面图；各用电设备的详细型号、规格，对供电的要求，各设备的平面图及主要断面图；用户已有供配电系统的系统图及平面布置图；用户的最大负荷、年耗电量、功率因数等。

2.资料准备齐了以后，设计的第一步是进行负荷预测或负荷计算。负荷预测通常是针对一个地区（如一个县、一个城市、一个省等）的电力规划来进行的，具体的方法有单耗法、综合用电水平法、回归分析法、平均增长率法、弹性系数法等。负荷计算的方法有需要系数法、二项式系数法、附加系数法、利用系数法、负荷密度法等。

二、变配电所方案选择及电气主接线

（一）变配电所方案选择

变配电所设计应先拿出总体设计方案，即根据预测或计算出的计算负荷容量大小、负荷性质、负荷分布、负荷数量、供电半径等定出变配电所的进线电压、电源及备用电源数量，确定出线电压、出线回路数；按照靠近负荷中心，考虑污染、易燃易爆、防洪，考虑进出线、施工运输、职工生活方便等因素，选择变配电所的位置；结合规范确定变配电所主接线，选出变压器等主要设备；最后进行工程估算。

变配电所的总体设计方案通常有多个可供选择。方案比较要从技术和经济性的角度进行。首先设计方案要满足技术性需求，即从供电的可靠性、电能质量、运行维护、设备技术等方面进行比较；其次设计方案要考虑变配电所建设和运行的经济性，即让变配电所建设的总投资和年运行费用达到最小。总体设计方案通过技术性、经济性比较选出最优方案，进行下一步设计。如果总体设计不足以确定最优方案，那么可以进一步在初步设计阶段完成后再进行变配电所方案的比较与选择。在方案比较时要注意对经济性影响较大的，如燃料价格、电价、投资利润率等因素，可在一定的变动范围内做敏感性分析。

（二）变配电所电气主接线

1. 10kV 及以下变配电所中的主接线设置原则

高压及低压母线宜采用单母线或分段单母线接线。当供电连续性要求很高时，高压母线可采用分段单母线带旁路母线或双母线的接线。

2. 35～110kV 变电所中的主接线设置原则

高压侧宜采用断路器较少或不用断路器的接线。当 35kV～110kV 线路为 2 回及以下时，宜采用桥形、线路变压器组或线路分支接线。超过 2 回时，宜采用扩大桥形、单母线或分段单母线的接线。

35～63kV 线路为 8 回及以上时，亦可采用双母线接线。

110kV 线路为 6 回及以上时，宜采用双母线接线。

在采用单母线、分段单母线或双母线的 35～110kV 主接线中，当不允许停电检修断路器时，可设置旁路母线。

（1）当有旁路母线时，首先宜采用分段断路器或母联断路器兼作旁路断路器的接线。

（2）当 110kV 线路为 6 回及以上，35～63kV 线路为 8 回及以上时，可装设专用的旁路断路器。

（3）主变压器 35～110kV 回路中的断路器，有条件时亦可接入旁路母线。

（4）当变电所装有 2 台主变压器时，6～10kV 侧宜采用分段单母线。线路为 12 回及以上时，亦可采用双母线。当不允许停电检修断路器时，可设置旁路设施。当 6～35kV 配电装置采用手车式高压开关柜时，不宜设置旁路设施。

（5）采用 SF_6 断路器的主接线不宜设旁路设施。

3. 220kV～500kV 变电所中的主接线设置原则

330～500kV 配电装置的最终接线方式，当线路、变压器等连接元件总数为 6 回及以上，且变电所在系统中居有重要地位时，宜通过技术经济比较确定采用 3/2 断路器或双母线分段带旁路母线的接线。

330～500kV 配电装置最终出线回路数为 3～4 回时，宜采用线路有两台断路器、变压器直接与母线连接的"变压器母线组"接线。

220kV 变电所中的 110kV 配电装置，当出线回路数在 6 回以下时宜采用单母线或分段单母线接线；在 6 回及以上时，宜采用双母线接线。

220kV 终端变电所的配电装置，当能满足运行要求时，宜采用断路器较少的或不用断路器的接线，如线路变压器组或桥形接线等。当能满足电力系统继电保护要求时，也可采用线路分支接线。220kV 配电装置出线在 4 回及以上时，宜采用双母线或其他接线。

500kV 变电所中的 220kV 配电装置，可采用双母线，技术经济合理时，也可采用 3/2 断路器接线。

35~63kV 配电装置，当出线回路数为 4~7 回时，宜采用单母线或分段单母线，8 回及以上时采用双母线，除断路器允许停电检修外，可设置旁路隔离开关或旁路母线。当出线为 8 回及以上时，也可装设专用的旁路断路器。

三、变电所主变压器的选择原则

变电所主变压器数量、容量基本选择原则前面章节已介绍过，这里需要注意以下几点：

（1）10kV 及以下变电所中的单台配电变压器（低压为 0.4kV）的容量不宜大于 1250kVA。当用电设备容量较大、负荷集中且运行合理时，可选用较大容量的变压器。

（2）在一般情况下，动力和照明宜共用配电变压器。但当照明负荷较大或动力和照明采用共用变压器严重影响照明质量及灯具使用寿命，单台单相负荷较大，冲击性负荷较大，严重影响电能质量时，可设专用变压器；在电源系统不接地或经阻抗接地，电气装置外露导电体就地接地系统（IT 系统）的低压电网中，照明负荷应设专用配电变压器。

（3）多层或高层主体建筑内变电所，宜选用不燃或难燃型变压器。

（4）在多尘或有腐蚀性气体严重影响变压器安全运行的场所，应选用防尘型或防腐型变压器。

（5）当变电所具有三种电压时，如通过主变压器各侧线圈的功率均达到该变压器容量的 15% 以上，则主变压器宜采用三线圈变压器。

（6）对深入市区的城市电力网变电所，结合城市供电规划，为简化变压层次和接线，也可采用双绕组变压器。

（7）电力潮流变化大和电压偏移大的变电所，如经计算普通变压器不能满足电力系统和用户对电压质量的要求时，应采用有载调压变压器。主变压器调压方式的选择，应符合《SDJ161-1985（试行）电力系统设计技术规程》的有关规定。当 500kV 变压器采用有载调压时，应经过技术经济论证。

（8）与电力系统连接的 220~330kV 变压器，若不受运输条件的限制，应选用三相变压器。

（9）500kV 主变压器选用三相或单相，应根据该变电所在系统中的地位、作用、可靠性要求和制造条件、运输条件等，经技术经济比较确定。当选择单相变压器组时，可根据系统和设备情况确定是否装设备用相；此时，也可根据变压器参数、运输条件和系统情况，在一个地区设置一台备用相。

四、变电所短路电流计算

计算短路电流主要是为了选择和校验电气设备、继电保护的整定与灵敏度校验。变电所短路电流的计算因考虑到有多个电压等级，故一般用标制法。采用标制法进行变电所短路电流计算时应注意以下几点：

1. 变电所短路电流计算

从简化的角度考虑可按无限大容量电源系统的方法计算，认为在短路的全过程中系统电源的端电压保持不变；不过，要计入系统电源的内阻对短路电流的影响。

2. 基准值的选取

基准电压要选取电网额定电压的 1.05 倍；基准容量一般选取 100MVA，并且在设计计算时只能有一个基准容量。

3. 最大运行方式与最小运行方式

电力系统在运行时有所谓的最大运行方式和最小运行方式，最大运行方式下系统各电厂投入的发电机组最多，供电部门及用户的输、变电设备按最大负荷的情况相互连接投入运行。

此时发生短路故障，系统电源至短路点的总阻抗最小，短路电流最大。在最小运行方式下，系统各电厂投入的发电机组少，输变电设备解列处于单列运行状态。短路时，短路回路总阻抗最大，因此有最小的短路电流。计算最大运行方式下的短路电流可作为选择和校验电气设备、继电保护的整定依据，计算最小运行方式下短路电流可作为校验继电保护装置灵敏度的依据。

在短路电流计算时既要考虑系统电源在最大运行方式和最小运行方式下的容量，又要考虑变电所主接线的不同运行方式。

4. 短路计算时间

当短路持续时间大于 1s 时，校验热稳定的等值计算时间 t_k 为继电保护动作时间 t_{pr} 和相应断路器的全开断时间 t_{ab} 之和，即

$$t_{dz} = t_{pr} + t_{ab}$$

而

$$t_{ab} = t_{in} + t_a$$

式中，t_{ab}——断路器全开断时间；

t_{pr}——后备保护动作时间；

t_{in}——断路器固有分闸时间；

t_a——断路器开断时电弧持续时间，对少油断路器为 0.04~0.06s，对 SF$_6$ 和压缩空气断路器为 0.02~0.04s。

当短路持续时间小于 1s 时，校验热稳定的等值计算时间还要计及短路电流非周期分

量的影响。开断电器应能在最严重的情况下开断短路电流，考虑到主保护拒动等原因，按最不利情况，取后备保护的动作时间。一般建议 t_{dz} 不小于下列数据：330kV，2s；220kV，3s；6~110kV，4s。

五、高压电气设备选择的一般条件

电气设备选择是发电厂和变电所设计的主要内容之一，在选择时应根据实际工作特点，按照有关设计规范的规定，在保证供配电安全可靠的前提下，力争做到技术先进、经济合理。为了保障高压电气设备的可靠运行，高压电气设备选择与校验的一般条件有两三种。按正常工作条件包括电压、电流、频率、开断电流等选择，按短路条件包括动稳定、热稳定校验，按环境工作条件包括温度、湿度、海拔等选择。

由于各种高压电气设备具有不同的性能特点，选择与校验条件不尽相同，高压电气设备的选择与校验项目见表4-2-1。

表 4-2-1　高压电气设备的选择与校验项目

电气设备名称	额定电压	额定电流	开断能力	短路电流校验		环境条件	其他
				动稳定	热稳定		
断路器	√	√	√	○	○	○	操作性能
负荷开关	√	√	√	○	○	○	操作性能
隔离开关	√	√	√	○	○	○	操作性能
熔断器	√	√	√			○	上、下级间配合
电流互感器	√	√		○	○		
电压互感器	√					○	二次负荷、准确等级
支柱绝缘字	√			○			二次负荷、准确等级
穿墙套管	√	√		○	○	○	
母线		√		○	○	○	
电缆	√	√			○	○	

注：表中"√"为选择项目，"○"为校验项目。

（一）按正常工作条件选择高压电气设备

1.额定电压和最高工作电压

高压电气设备所在电网的运行电压因调压或负荷的变化，常高于电网的额定电压，故所选电气设备允许最高工作电压 U_{alm} 不得低于所接电网的最高运行电压。一般电气设备允许的最高工作电压在 $1.10 \sim 1.15 U_N$，而实际电网的最高运行电压 U_{sm} 一般不超过 $1.1 U_{Ns}$。因此，在选择电气设备时，一般可按照电气设备的额定电压 U_N 不低于装置地点电网额定电压 U_{Ns} 的条件选择，即

$$U_N \geqslant U_{Ns}$$

2. 额定电流

电气设备的额定电流 I_N 是指在额定环境温度下，电气设备的长期允许通过电流。I_N 应不小于该回路在各种合理运行方式下的最大持续工作电流 $I_{w.max}$，即

$$I_N \geqslant I_{max}$$

计算时有以下几个应注意的问题：

（1）由于发电机、调相机和变压器在电压降低 5% 时，出力保持不变，故其相应回路的 $I_{w.max}$ 为发电机、调相机或变压器的额定电流的 1.5 倍；

（2）若变压器有过负荷运行可能时，I_{max} 应按过负荷确定（1.3~2.0 倍变压器额定电流）；

（3）母联断路器回路一般可取母线上最大一台发电机或变压器的 I_{max}；

（4）出线回路的 $I_{w.max}$ 除考虑正常负荷电流（包括线路损耗）外，还应考虑事故时由其他回路转移过来的负荷。

此外，还应按电气设备的装置地点、使用条件、检修和运行等要求，对电气设备进行种类（屋内或屋外）和型式的选择。

（二）按环境工作条件校验

在选择电气设备时，还应考虑电气设备安装地点的环境（尤须注意小环境）条件，当气温、风速、温度、污秽等级、海拔高度、地震烈度和覆冰厚度等环境条件超过一般电气设备使用条件时，应采取措施。例如，当地区海拔超过制造部门的规定值时，由于大气压力、空气密度和湿度相应减少，使空气间隙和外绝缘的放电特性下降，一般当海拔在 1000~3500m 范围内，若海拔比厂家规定值每升高 100m，则电气设备允许最高工作电压要下降 1%。当最高工作电压不能满足要求时，应采用高原型电气设备，或采用外绝缘提高一级的产品。对于 110kV 及以下的电气设备，由于外绝缘裕度较大，可在海拔 2000m 以下使用。

当污秽等级超过使用规定时，可选用有利于防污的电瓷产品，当经济上合理时可采用屋内配电装置。当周围环境温度 θ_0 和电气设备额定环境温度不等时，其长期允许工作电流应乘以修正系数 K，即

$$I_{a1\theta} = K_N = \sqrt{\frac{\theta_{max} - \theta_0}{\theta_{max} - \theta_N}} I_N$$

我国目前生产的电气设备使用的额定环境温度 $\theta_N = 40℃$。如周围环境温度 θ_0 高于

40℃（但低于60℃）时，其允许电流一般可按每增高1℃，额定电流减少1.8%进行修正；当环境温度低于40℃时，环境温度每降低1℃，额定电流可增加0.5%，但其最大电流不得超过额定电流的20%。

应该指出，上式也适用于求导体在实际环境温度下的长期允许工作电流，此时公式中的θ_N一般为25℃。

（三）按短路条件校验

1. 短路热稳定校验

短路电流通过电气设备时，电气设备各部件温度（或发热效应）应不超过允许值。满足热稳定的条件为

$$I_t^2 t \geqslant I_\infty^2 t_{dz}$$

式中，I_t——由生产厂给出的电气设备在时间 t 秒内的热稳定电流。

I_∞——短路稳态电流值。

t——与 I_t 相对应的时间。

t_{dz}——短路电流热效应等值计算时间。

2. 电动力稳定校验

电动力稳定是电气设备承受短路电流机械效应的能力，也称"动稳定"。满足动稳定的条件为：

$$i_{es} \geqslant i_{ch}$$

或

$$I_{es} \geqslant I_{ch}$$

式中，i_{ch}、I_{ch}——短路冲击电流幅值及其有效值；

i_{es}、I_{es}——电气设备允许通过的动稳定电流的幅值及其有效值。

下列几种情况可不校验热稳定或动稳定：

（1）用熔断器保护的电器，其热稳定由熔断时间保证，故可不校验热稳定。

（2）采用限流熔断器保护的设备，可不校验动稳定。

（3）装设在电压互感器回路中的裸导体和电气设备可不校验动、热稳定。

3. 高压断路器、隔离开关、重合器和分段器的选择

（1）高压断路器的选择　高压断路器选择及校验条件除额定电压、额定电流、热稳定、动稳定校验外，

还应注意以下几点：

①断路器种类和型式的选择

高压断路器应根据断路器安装地点、环境和使用条件等要求选择种类和型式。由于少油断路器制造简单、价格便宜、维护工作量较少，故在3~220kV系统中应用较广。但近

年来，真空断路器在 35kV 及以下电力系统中得到了广泛应用，有取代少油断路器的趋势。SF$_6$ 断路器也已在向中压 10~35kV 发展，并在城乡电网建设和改造中获得了应用。

高压断路器的操动机构，大多数是由制造厂配套供应，仅部分少油断路器有电磁式、弹簧式或液压式等几种型式的操动机构可供选择。一般电磁式操动机构需配专用的直流合闸电源，但其结构简单可靠；弹簧式结构比较复杂，调整要求较高；液压操动机构加工精度要求较高。操动机构的型式，可根据安装调试方便和运行可靠性进行选择。

②额定开断电流选择

在额定电压下，断路器能保证正常开断的最大短路电流称为额定开断电流。高压断路器的额定开断电流 I_{Nbr}，不应小于实际开断瞬间的短路电流周期分量 I_{zt}，即

$$I_{Nbr} \geq I_{zt}$$

当断路器的 I_{Nbr} 较系统短路电流大很多时，为了简化计算，也可用次暂态电流 I'' 进行选择，即

$$I_{Nbr} \geq I''$$

我国生产的高压断路器在做型式试验时，仅计入了 20% 的非周期分量。一般中、慢速断路器，由于开断时间较长（大于 0.1s），短路电流非周期分量衰减较多，能满足国家标准规定的非周期分量不超过周期分量幅值 20% 的要求。使用快速保护和高速断路器时，其开断时间小于 0.1s，当在电源附近短路时，短路电流的非周期分量可能超过周期分量的 20%，因此需要进行验算。短路全电流的计算方法可参考有关手册，如计算结果非周期分量超过 20% 以上时，订货时应向制造部门提出要求。

装有自动重合闸装置的断路器，当操作循环符合厂家规定时，其额定开断电流不变。

③短路关合电流的选择

在断路器合闸之前，若线路上已存在短路故障，则在断路器合闸过程中，动、静触头间在未接触时即有巨大的短路电流通过（预击穿），更容易发生触头熔焊和遭受电动力的损坏。且断路器在关合短路电流时，不可避免地在接通后又自动跳闸，此时还要求能够切断短路电流，因此，额定关合电流是断路器的重要参数之一。为了保证断路器在关合短路时的安全，断路器的额定关合电流 i_{Ncl} 不应小于短路电流最大冲击值 i_{ch}，即

$$i_{Ncl} \geq i_{ch}$$

（2）隔离开关的选择

隔离开关选择及校验条件除额定电压、额定电流、热稳定、动稳定校验外，还应注意其种类和型式的选择，尤其屋外式隔离开关的型式较多，对配电装置的布置和占地面积影响很大，因此其型式应根据配电装置特点和要求以及技术经济条件来确定。表 4-2-2 为隔离开关选型参考表。

表 4-2-2 隔离开关选型参考表

使用场合		特点	参考型号
屋内	屋内配电装置成套高压开关柜	三级，10kV 以下	GN2、GN6、GN8、GN19
	发电机回路，大电流回路	单极，大电流 3000~13000A	GN10
		三级，15kV，200~600A	GN11
		三级，10kV，大电流 2000~3000A	GN18、GN22、GN2
		单极，插入式结构，带封闭罩 20kV，大电流 10000~13000A	GN14
屋外	220kV 及以下各型配电装置	双柱式，220kV 及以下	GW4
	高型，硬母线布置	V 型，35~110kV	GW5
	硬母线布置	单柱式，220~500kV	GW6
	20kV 及以上中型配电装置	三柱式，220~500kV	GW7

六、互感器的选择

（一）电流互感器的选择

1.电流互感器一次回路额定电压和电流选择

电流互感器一次回路额定电压和电流选择应满足：

$$U_{N1} \geqslant U_N$$

$$I_{N1} \geqslant I_{max}$$

式中，U_{N1}、I_{N1}——电流互感器一次额定电压和电流。

为了确保所供仪表的准确度，互感器的一次侧额定电流应尽可能与最大工作电流接近。

2.二次额定电流的选择

电流互感器二次额定电流有 5A 和 1A 两种，一般强电系统用 5A，弱电系统用 1A。

3.电流互感器种类和型式的选择

在选择互感器时，应根据安装地点（如屋内、屋外）和安装方式（如穿墙式、支持式、装入式等）选择相适应的类别和型式。选用母线型电流互感器时，应注意校核窗口尺寸。

4.电流互感器准确级的选择

为保证测量仪表的准确度，互感器的准确级不得低于所供测量仪表的准确级。例如，装于重要回路（如发电机、调相机、变压器、厂用馈线、出线等）中的电能表和计费的电能表一般采用 0.5~1 级表，相应的互感器的准确级不应低于 0.5 级；对测量精度要求较高的大容量发电机、变压器、系统干线和 500kV 级宜用 0.2 级。供运行监视、估算电能的电能表和控制盘上仪表一般用 1~1.5 级的，相应的电流互感器应为 0.5~1 级；供只需估计电参数仪表的互感器可用 3 级的。当所供仪表要求不同准确级时，应按相应最高级别来确定电流互感器的准确级。

5. 二次容量或二次负载的校验

为了保证互感器的准确级，互感器二次侧所接实际负载 Z_{2l} 或所消耗的实际容量荷 S_2 应不大于该准确级所规定的额定负载 Z_{N2} 或额定容量 S_{N2}（Z_{N2} 及 S_{N2} 均可从产品样本或有关手册查到），即

$$S_{N2} \geqslant S_2 = I_{N2}{}^2 Z_{2l}$$

或

$$Z_{N2} \geqslant Z_{2l} \approx R_{wi} + R_{tou} + R_m + R_r$$

式中，R_m、R_r——电流互感器二次回路中所接仪表内阻的总和与所接继电器内阻的总和，可从产品样本或有关手册中查得。

R_{wi}——电流互感器二次连接导线的电阻。

R_{tou}——电流互感器二次连线的接触电阻，一般取为 0.1Ω。

整理得：

$$R_{wi} \leqslant \frac{S_{N2} - I_{N2}{}^2 \left(R_{tou} + R_m + R_r\right)}{I_{N2}{}^2}$$

因为

$$A = \frac{l_{ca}}{\gamma R_{wi}}$$

所以

$$A \geqslant \frac{l_{ca}}{\gamma \left(Z_{N2} - R_{tou} - R_m - R_r\right)}$$

式中 A，l_{ca}——电流互感器二次回路连接导线截面积（mm^2）及计算长度（mm）。

按规程要求连接导线应采用不得小于 $1mm^2$ 的铜线，实际工作中常取 $2.5mm^2$ 的铜线。当截面选定之后，即可计算出连接导线的电阻 R_{wi}。有时也可先初选电流互感器，在已知其二次侧连接的仪表及继电器型号的情况下，利用上式确定连接导线的截面积。但须指出，只用一只电流互感器时电阻的计算长度应取连接长度的 2 倍，如用三只电流互感器接成完全星形接线时，由于中线电流近于零，则只取连接长度为电阻的计算长度。若用两只电流互感器接成不完全星形结线时，其二次公用线中的电流为两相电流之向量和，其值与相电流相等，但相位差为 60，故应取连接长度的 $\sqrt{3}$ 倍为电阻的计算长度。

6. 热稳定和动稳定校验

（1）电流互感器的热稳定校验只对本身带有一次回路导体的电流互感器进行。电流互感器热稳定能力常以 1s 允许通过的一次额定电流 I_{N1} 的倍数 K_h 来表示，故热稳定应按下式校验

$$\left(K_h I_{N1}\right)^2 \geqslant I_\infty{}^2 t_{dz}$$

式中，K_h、I_{N1}——由生产厂给出的电流互感器的热稳定倍数及一次侧额定电流。

I_∞，t_{dz}——短路稳态电流值及热效应等值计算时间。

（2）电流互感器内部动稳定能力，常以允许通过的一次额定电流最大值的倍数 k_{mo}——动稳定电流倍数表示，故内部动稳定可用下式校验

$$\sqrt{2}K_{mo}I_{N1} \geq i_{ch}$$

式中，K_{mo}，I_{N1}——由生产厂给出的电流互感器的动稳定倍数及一次侧额定电流。

i_{ch}——故障时可能通过电流互感器的最大三相短路电流冲击值。

由于邻相之间电流的相互作用，使电流互感器绝缘瓷帽上受到外力的作用，因此，对于瓷绝缘型电流互感器应校验瓷套管的机械强度。瓷套上的作用力可由一般电动力公式计算，故外部动稳定应满足

$$F_{al} \geq 0.5 \times 1.73 \times 10^{-7} i_{ch}^2 \frac{l}{a}(N)$$

式中，F_{al}——作用于电流互感器瓷帽端部的允许力；

l——电流互感器出线端至最近一个母线支柱绝缘子之间的跨距。

系数 0.5——互感器瓷套端部承受该跨上电动力的一半。

（二）电压互感器的选择

1. 电压互感器一次回路额定电压选择

为了确保电压互感器的安全和在规定的准确级下运行，电压互感器一次绕组所接电力网电压应在（0.9~1.1）U_{N1} 范围内变动，即满足下列条件

$$1.1U_{N1} > U_{Ns} > 0.9U_{N1}$$

式中，U_{N1}——电压互感器一次侧额定电压。

选择时，满足 $U_{N1}=U_{Ns}$ 即可。

2. 电压互感器二次侧额定电压的选择

电压互感器二次侧额定线间电压为 100V，要和所接用的仪表或继电器相适应。

3. 电压互感器种类和型式的选择

电压互感器的种类和型式应根据装设地点和使用条件进行选择。例如，在 6~35kV 屋内配电装置中，一般采用油浸式或浇注式；110~220kV 配电装置通常采用串级式电磁式电压互感器；220kV 及以上配电装置，当容量和准确级满足要求时，也可采用电容式电压互感器。

4. 准确级选择

和电流互感器一样，供功率测量、电能测量以及功率方向保护用的电压互感器应选择 0.5 级或 1 级的，只供估计被测值的仪表和一般电压继电器的选用 3 级电压互感器为宜。

5. 按准确级和额定二次容量选择

首先根据仪表和继电器接线要求选择电压互感器接线方式，并尽可能地将负荷均匀分

布在各相上，然后计算各相负荷大小，按照所接仪表的准确级和容量选择互感器的准确级额定容量。有关电压互感器准确级的选择原则，可参照电流互感器准确级选择。一般供功率测量、电能测量以及功率方向保护用的电压互感器应选择 0.5 级或 1 级的，只供估计被测值的仪表和一般电压继电器的选用 3 级电压互感器为宜。

电压互感器的额定二次容量（对应于所要求的准确级）S_{N2}，应不小于电压互感器的二次负荷 S_2，即

$$S_{N2} \geqslant S_2$$

$$S_2 = \sqrt{\left(\sum S_0 \cos \phi\right)^2 + \left(\sum S_0 \sin \phi\right)^2} = \sqrt{\left(\sum P_0\right)^2 + \left(\sum Q_0\right)^2}$$

式中，S_0、P_0、Q_0——各仪表的视在功率、有功功率和无功功率。

$\cos \phi$——各仪表的功率因数。

如果各仪表和继电器的功率因数相近，或为了简化计算起见，也可以将各仪表和继电器的视在功率直接相加，得出大于 S_2 的近似值，它若不超过 S_{N2}，则实际值更能满足要求。

由于电压互感器三相负荷常不相等，为了满足准确级要求，通常以最大相负荷进行比较。

计算电压互感器各相的负荷时，必须注意互感器和负荷的接线方式。

七、高压熔断器的选择

高压熔断器按额定电压、额定电流、开断电流和选择性等项来选择和校验。

（一）额定电压选择

对于一般的高压熔断器，其额定电压 U_N 必须大于或等于电网的额定电压 U_{Ns}。但是对于充填石英砂有限流作用的熔断器，则不宜使用在低于熔断器额定电压的电网中，这是因为限流式熔断器灭弧能力很强，在短路电流达到最大值之前就将电流截断，致使熔体熔断时因截流而产生过电压，其过电压倍数与电路参数及熔体长度有关，一般在 $U_{Ns}=U_N$ 的电网中，过电压倍数 2~2.5 倍，不会超过电网中电气设备的绝缘水平，但如在 $U_{Ns}<U_N$ 的电网中，因熔体较长，过电压值有 3.5~4 倍相电压，可能损害电网中的电气设备。

（二）额定电流选择

熔断器的额定电流选择，包括熔管的额定电流和熔体的额定电流的选择。

1.熔管额定电流的选择

为了保证熔断器载流及接触部分不致过热和损坏，高压熔断器的熔管额定电流应满足下式的要求，即

$$I_{Nft} \geqslant I_{Nfs}$$

式中，I_{Nft}——熔管的额定电流，I_{Nfs}——熔体的额定电流。

2. 熔体额定电流选择

为了防止熔体在通过变压器励磁涌流和保护范围以外的短路及电动机自启动等冲击电流时误动作,保护35kV及以下电力变压器的高压熔断器,其熔体的额定电流可按公式选择,即

$$I_{Nfs} = KI_{max}$$

式中,K——可靠系数(不计电动机自启动时 $K=1.1\sim1.3$,考虑电动机自启动时 $K=1.5\sim2.0$);

I_{max}——电力变压器回路最大工作电流。

用于保护电力电容器的高压熔断器的熔体,当系统电压升高或波形畸变引起回路电流增大或运行过程中产生涌流时不应误熔断,其熔体按下式选择,即

$$I_{Nfs} = KI_{Nc}$$

式中,K——可靠系数(对限流式高压熔断器,当一台电力电容器时 $K=1.5\sim2.0$,当一组电力电容器时 $K=1.3\sim1.8$);

I_{Nc}——电力电容器回路的额定电流。

(三)熔断器开断电流校验

$$I_{Nbr} \geq I_{ch}(或 I'')$$

式中,I_{Nbr}——熔断器的额定开断电流。

对于没有限流作用的熔断器,选择时用冲击电流的有效值 I_{ch} 进行校验;对于有限流作用的熔断器,在电流达最大值之前已截断,故可不计非周期分量影响,而采用 I'' 进行校验。

(四)熔断器选择性校验

为了保证前后两级熔断器之间或熔断器与电源(或负荷)保护装置之间动作的选择性,应进行熔体选择性校验。各种型号熔断器的熔体熔断时间可在由制造厂提供的安秒特性曲线上查出。

八、母线和电缆的选择

(一)母线的选择与校验

母线一般按以下六种方式进行选择:①母线材料、类型和布置方式;②导体截面;③热稳定;④动稳定等项进行选择和校验;⑤对于110kV以上母线要进行电晕的校验;⑥对重要回路的母线还要进行共振频率的校验。本节仅对前四项加以介绍。

1. 母线材料、类型和布置方式

(1)配电装置的母线常用导体材料有铜、铝和钢。铜的电阻率低,机械强度大,抗腐蚀性能好,是首选的母线材料。但是铜在工业和国防上的用途广泛,还因储量不多,价

格较贵，所以一般情况下，尽可能以铝代铜，只有在大电流装置及有腐蚀性气体的屋外配电装置中，才考虑用铜作为母线材料。

（2）常用的硬母线截面有矩形、槽形和管形。矩形母线常用于 35kV 及以下、电流在 4000A 及以下的配电装置中。为避免集肤效应系数过大，单条矩形截面积最大不超过 1250mm²。当工作电流超过最大截面单条母线允许电流时，可用几条矩形母线并列使用，但一般避免采用 4 条及以上矩形母线并列。

槽形母线机械强度好，载流量较大，集肤效应系数也较小，一般用于 4000～8000A 的配电装置中。管形母线集肤效应系数小，机械强度高，管内还可通风和通水冷却，因此，可用于 8000A 以上的大电流母线。另外，由于圆形表面光滑，电晕放电电压高，因此可用于 110kV 及以上的配电装置。

2. 母线截面的选择

除配电装置的汇流母线及较短导体（20m 以下）按最大长期工作电流选择截面外，其余导体的截面一般按经济密度选择。

（1）按最大长期工作电流选择

母线长期发热的允许电流 I_{al}，应不小于所在回路的最大长期工作电流 I_{max}，即

$$KI_{al} \geq I_{max}$$

式中，I_{al}——相对于母线允许温度和标准环境条件下导体长期允许电流；

K——综合修正系数，与环境温度和导体连接方式等有关。

（2）按经济电流密度选择

按经济电流密度选择母线截面可使年综合费用最低，年综合费用包括电流通过导体所产生的年电能损耗费、导体投资和折旧费、利息等。从降低电能损耗角度看，母线截面越大越好，而从降低投资、折旧费和利息的角度，则希望截面越小越好。综合这些因素，使年综合费用最小时所对应的母线截面称为母线的经济截面，对应的电流密度称为经济电流密度。表 4-2-3 为我国目前仍然沿用的经济电流密度值。

表 4-2-3　目前我国仍然沿用的经济电流密度值

导体材料	最大负荷利用小时数 T_{max}（h）		
	3000 以下	3000～5000	5000 以上
裸铜导线和母线	3.0	2.25	1.75
裸铝导线和母线（钢芯）	1.65	1.15	0.9
钢芯电缆	2.5	2.25	2.0
铝芯电缆	1.92	1.73	1.54
钢线	0.45	0.4	0.35

按经济电流密度选择母线截面按下式计算

$$S_{ec} = \frac{I_{max}}{J_{ec}}$$

式中，I_{max}——通过导体的最大工作电流；

J_{ec}—经济电流密度。

在选择母线截面时，应尽量接近计算所得到的截面，当无合适规格的导体时，为节约投资，允许选择小于经济截面的导体，并要求同时满足要求。

3. 母线热稳定校验

按正常电流及经济电流密度选出母线截面后，还应按热稳定校验。按热稳定要求的导体最小截面为

$$S_{min} = \frac{I_{\infty}}{C} \sqrt{t_{dz} K_s}$$

式中，I_{∞}——短路电流稳态值（A）。

K_s——集肤效应系数，对于矩形母线截面在 100mm² 以下，$K_s=1$。

t_{dz}——热稳定计算时间。

C——热稳定系数。

热稳定系数 C 值与材料及发热温度有关。母线的 C 值如表 4-2-4 所示。

表 4-2-4　导体材料短时发热最高允许温度（θ_{kal}）和热稳定系数 C

导体种类和材料	θ_{kal}（℃）	C
1. 母线及导线：钢	320	175
铝	220	95
钢（不和电器直接连接时）	420	70
钢（和电器直接连接时）	320	63
2. 油浸纸绝缘电缆：铜芯，10kV 及以下	250	165
铝芯，10kV 及以下	200	95
20~35kV	175	
3. 充油纸绝缘电缆：60~330kV	150	
4. 橡皮绝缘电缆	150	
5. 聚氯乙烯绝缘电缆	120	
6. 交联聚氯乙烯绝缘电缆：铜芯	230	
铝芯	200	
7. 有中间接头的电缆（不包括第 5 项）	150	

4. 母线的动稳定校验

各种形状的母线通常都安装在支持绝缘子上，当冲击电流通过母线时，电动力将使母线产生弯曲应力，因此必须校验母线的动稳定性。安装在同一平面内的三相母线，其中间相受力最大，即

$$F_{\max} = 1.732 \times 10^{-7} K_f i_{sh}^{\ 2} \frac{l}{a} (N)$$

式中，K_f——母线形状系数，当母线相间距离远大于母线截面周长时，K_f=1。其他情况可由有关手册查得。

l——母线跨距（m）；

a——母线相间距（m）。

母线通常每隔一定距离由绝缘瓷瓶自由支撑着。因此当母线受电动力作用时，可以将母线看成一个多跨距载荷均匀分布的梁，当跨距段在两段以上时，其最大弯曲力矩为

$$M = \frac{F_{\max} l}{10}$$

若只有两段跨距时，则

$$M = \frac{F_{\max} l}{8}$$

式中，$F_{\max}$——一个跨距长度母线所受的电动力（N）。

母线材料在弯曲时最大相间计算应力为：

$$\sigma_{ca} = \frac{M}{W}$$

式中，W——母线对垂直于作用力方向轴的截面系数，又称"抗弯矩"（m³），其值与母线截面形状及布置方式有关。

要想保证母线不致弯曲变形而遭到破坏，必须使母线的计算应力不超过母线的允许应力，即母线的动稳定性校验条件为

$$\sigma_{ca} \leqslant \sigma_{al}$$

式中，σ_{al}——母线材料的允许应力。

对硬铝母线 σ_{al}=69MPa；对硬铜母线 σ_{al}=137MPa。

如果在校验时，$\sigma_{ca} \leqslant \sigma_{al}$，则必须采取措施减小母线的计算应力，具体措施有：将母线由竖放改为平放；放大母线截面，但会使投资增加；限制短路电流值能使 σ_{ca} 大大减小，但须增设电抗器；增大相间距离 a；减小母线跨距 l 的尺寸。此时可以根据母线材料最大允许应力来确定绝缘瓷瓶之间最大允许跨距，即

$$l_{\max} = \sqrt{\frac{10 \sigma_{al} W}{F_1}}$$

式中，F_1——单位长度母线上所受的电动力（N/m）。

当矩形母线水平放置时，为避免导体因自重而过分弯曲，所选取的跨距一般不超过 1.5～2.0m。考虑到绝缘子支座及引下线安装方便，常选取绝缘子跨距等于配电装置间隔的宽度。

（二）电缆的选择与校验

电缆的基本结构包括导电芯、绝缘层、铅包（或铝包）和保护层几个部分。供配电系

统中常用的电力电缆，按其缆芯材料分为铜芯和铝芯两大类；按其采用的绝缘介质分油浸纸绝缘和塑料绝缘两大类。

电缆制造成本高，投资大，但是具有运行可靠、不易受外界影响、不需架设电杆、不占地面、不碍观瞻等优点。

电力电缆是根据其结构类型、电压等级和经济电流密度来选择的，并须校验以其最大长期工作电流、正常运行情况下的电压损失以及短路时的热稳定进行。短路时的动稳定可以不必校验。

1. 按结构类型选择电缆（选择电缆的型号）

根据电缆的用途、电缆敷设的方法和场所，选择电缆的芯数、芯线的材料、绝缘的种类、保护层的结构以及电缆的其他特征，最后确定电缆的型号。常用的电力电缆有油浸纸绝缘电缆、塑料绝缘电缆和橡胶电缆等。随着电缆工业的发展，塑料电缆发展很快，其中交联聚乙烯电缆，由于有优良的电气性能和机械性能，在中、低压系统中应用十分广泛。

2. 按额定电压选择

可按照电缆的额定电压 U_N 不低于敷设地点电网额定电压 U_{Ns} 的条件选择，即

$$U_N \geqslant U_{Ns}$$

3. 电缆截面的选择

一般根据最大长期工作电流选择，但是对有些回路，如发电机、变压器回路，其年最大负荷利用小时数超过 5000h，且长度超过 20m 时，应按经济电流密度来选择。

（1）按最大长期工作电流选择

电缆长期发热的允许电流 I_{al}，应不小于所在回路的最大长期工作电流 I_{max}，即

$$KI_{al} \geqslant I_{max}$$

式中，I_{al}——相对于电缆允许温度和标准环境条件下导体长期允许电流；

K——综合修正系数（与环境温度、敷设方式及土壤热阻系数有关的综合修正系数，可由有关手册查得）。

（2）按经济电流密度选择

按经济电流密度选择电缆截面的方法与按经济电流密度选择母线截面的方法相同，即按下式计算：

$$S_{ec} = \frac{I_{max}}{J_{ec}}$$

按经济电流密度选出的电缆，还必须按最大长期工作电流校验。

按经济电流密度选出的电缆，还应决定经济合理的电缆根数，截面 $S \leqslant 150mm^2$ 时，其经济根数为一根；当截面大于 $150mm^2$ 时，其经济根数可按 $S/150$ 决定。例如，计算出 S_{ec} 为 $200mm^2$，选择两根截面为 $120mm^2$ 的电缆为宜。

为了不损伤电缆的绝缘和保护层，电缆弯曲的曲率半径不应小于一定值（如三芯纸

绝缘电缆的曲率半径不应小于电缆外径的 15 倍）。为此，一般避免采用芯线截面大于 185mm² 的电缆。

4. 热稳定校验

电缆截面热稳定的校验方法与母线热稳定校验方法相同。满足热稳定要求的最小截面可按下式求得

$$S_{\min} = \frac{I_{\infty}}{C}\sqrt{t_d}$$

式中 C——与电缆材料及允许发热有关的系数。

验算电缆热稳定的短路点按下列情况确定：

（1）单根无中间接头电缆，选电缆末端短路；长度小于 200m 的电缆，可选电缆首端短路。

（2）有中间接头的电缆，短路点选择在第一个中间接头处。

（3）无中间接头的并列连接电缆，短路点选在并列点后。

5. 电压损失校验

正常运行时，电缆的电压损失应不大于额定电压的 5%，即

$$\Delta U\% = \frac{\sqrt{3}I_{\max}\rho L}{U_N S} \times 100\% \leqslant 5\%$$

式中，S——电缆截面（mm²）；

ρ——电缆导体的电阻率，铝芯 $\rho=0.035\Omega\text{mm}^2/\text{m}$（50℃）；铜芯 $\rho=0.0206\Omega\text{mm}^2/\text{m}$（50℃）。

第三节　变配电系统安装施工

一、工艺原理

变配电系统是机械制造、民用建筑、市政工程、石油化工等行业不可缺少的部分。无论工业或民用工程，其功能的实现主要依靠电气系统的正常运行。电气系统的正常运行不仅取决于电气工程的设计和制造，更取决于工程安装的质量。

为了保证变配电工程的安装质量，必须在施工中采用成熟、先进的安装工艺及操作方法，并用准确的仪器仪表进行测试和调试，工程质量也必须符合国家现行的规程、规范和标准的要求。安装工程不仅是制作合格产品的过程，还担负着监督、修改设计中的不足或缺陷，并经安装后使之成为合格的产品。任何一个工程设计的成功与否必须经过安装和运行才能证明，并且只有这个途径才能证明。

综上所述，可以看出安装过程是保证变配电系统正常运行的关键。所以，必须要有一个先进、成熟的施工工艺，才能保证安装过程的科学有序和工程的质量。

二、钢管敷设

（一）暗配管施工

1. 工艺流程

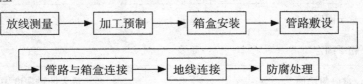

2. 暗配管操作工艺

管子煨弯：对于直径小于等于 32mm 的钢管，一般采用手动弯管器在现场直接煨弯。

对于大于等于 40mm 直径管子的弯曲，应采用机械冷煨弯，既能保证弯管质量，还能降低施工人员的劳动强度，加快施工进度。

对于不能自行煨弯的大管径和大倍数弯，则应外部采购或委托加工。

无论是手工还是机械加工的管弯，一定要保证管弯光滑无明显皱褶，弯扁度不得超过管子外径的 1/10。

管子弯曲半径不应小于管子外径的 6 倍，埋入地下的或混凝土中管子的弯曲半径不应小于管子外径的 10 倍。

3. 暗配钢管的基本要求

（1）敷设于多尘和潮湿场所的电气管路的管口、管子连接处均应做好密封处理。

（2）暗配管路宜沿最近的路径敷设，并应减少弯曲。埋入墙或混凝土内的管路，管外壁距墙面或地面的距离应大于 15mm。

（3）埋入地下的管路不宜穿过设备基础，在穿过建筑物时，应加装保护管。

（4）进入箱盒的管路排列应整齐，管口应在一个标高线上。对于落地箱，管口应高出地面不少于 50mm。对于悬挂箱，管子进入长度应为露出锁紧螺母 5mm 为宜，箱外箱内均应安装锁紧螺母。

（5）管子镀锌破损处均应做防腐处理。

4. 管子加工

钢管应使用钢锯、无齿锯和砂轮切割机切管，断口处应平整，不歪斜，管口应无毛刺，并处理光滑。

管子套丝使用套丝机或丝扣，板牙应完好，防止产生断丝或乱丝。

5. 测定盒、箱位置

根据设计图纸或规范要求确定箱、盒的位置，以土建给定的标准水平线，进行挂线找正找平。

暗装箱、盒四周灰浆饱满、平整牢固，箱盒坐标应正确，且应符合下表要求：

表 4-3-1　箱盒坐标要求

实测项目	要求	允许偏差（mm）
箱盒水平、垂直位置	正确	10（砖墙）、30（模板）
箱盒 1m 内相邻标高	一致	2
盒子固定	垂直	2
箱子固定	垂直	3
箱、盒口与墙面	平齐	最大凹进深度 10mm

为防止暗装接线盒内灌进水泥浆或其他污物，应填充苯板或使用甲方认可的其他材料来保护，直至器具安装完毕为止。

6. 管路连接

管箍丝接时，不得有乱扣现象，管箍必须使用通丝管箍，管口应对齐，外露丝不得多于 2 扣。

套管连接宜用于暗配管，套管长度为连接管径的 1.5~3.0 倍；连接管的对口应在套管的中心，焊口牢固严密。

管路超过 30m 无弯曲时、超过 20m 有一个弯曲时、超过 15m 有两个弯曲时、超过 8m 有三个弯曲时应加装接线盒，以便于穿线。

7. 管进箱、盒连接

箱、盒开孔应整齐并与管径匹配，要求一管一孔，不得开长孔，铁制箱盒严禁用电、气焊开孔。其敲落孔与管径不匹配时，应使用液压开孔器在箱盒的对应位置开孔，不得露洞。

管子进箱、盒应用专用锁母固定，管口露出箱、盒以 5mm 为宜。两根以上的管入箱、盒内的管头长度应一致。两管间距应均匀，排列整齐。

暗配管路的箱、盒地线可焊在棱边上。

8. 地线焊接

管路应做整体接地连接，在所有管子连接处，焊好跨接地线。

地线可用圆钢，根据管径来决定圆钢的直径。

管径大于 DN65 时，跨接地线应使用 25×4 镀锌扁钢进行跨接。

对于镀锌钢管不允许用焊接跨接地线的方式连接，而只允许用专用接地卡和裸铜线做跨接地线。

（二）明配钢管操作工艺

1. 工艺流程

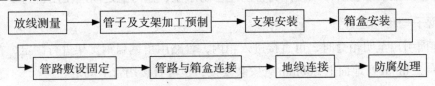

2. 明配钢管基本要求

明配钢管弯曲半径一般不应小于管外径的 6 倍，如只有一个弯曲时，可不小于管外径的 4 倍，煨弯可用冷煨或热煨。

明配钢管可用角钢做支架或吊架进行固定。

支、吊架设计无规定时，一般不小于下列规定：

扁钢支架 30×3mm；

角钢支架 25×25×3mm；

埋设支架应有燕尾叉，埋入深度不应小于 120mm。

3. 测定箱、盒及固定点位置

根据设计图纸要求及规范侧出箱、盒及出线口的准确位置。

根据测定箱、盒位置，确定管路垂直、水平位置并弹线定位，按照规范要求确定固定点间距，算出支吊架的位置及数量。

固定点的间距应均匀，管卡距管端、转弯中点，电器的边缘距离为 150~500mm，中间的管卡最大距离应符合下表要求：

表 4-3-2　箱盒坐标要求

钢管名称	管径（mm）			
厚壁钢管	15~20	25~30	40~50	65~100
薄壁钢管	1000	1500	2000	
偏差（mm）	30	40	50	60

固定方法有：胀管法、预埋铁件焊接法及抱箍法。

4. 箱、盒固定

箱、盒固定应按设计位置及标高确定，除无法安装外不得自行改变。

配电箱固定一般有以下几种：

直接固定在砖墙面，混凝土墙面、柱面，彩钢板面上，固定方式有用膨胀螺栓或快攻螺丝。

用型钢做支架，先将支架用膨胀螺栓固定，再安装箱子。

对于不准直接焊接的钢结构，应采用做抱卡方式，将抱卡固定后，再安装箱子。

开关及接线盒固定也可以直接固定，也可以做角钢和扁钢支架固定，可视现场条件而定。箱、盒固定应牢固平整，配电箱安装允许偏差不得大于 1.5‰。

所有室外及潮湿场所必须使用铸件防尘、防水型，盒与盖之间应使用密封垫。

5. 管子与箱盒连接

由地面引出至明箱盒时，可直接进入箱内，管路用角钢扁钢支架进行固定，在箱、盒下侧 100~250mm 及地面上 200mm 处安装支架，也可直接用管卡固定。

箱、盒开孔应整齐并与管径匹配，要求一管一孔，不得开长孔，铁制箱、盒严禁用电、气焊开孔。其敲落孔与管径不匹配时，应使用液压开孔器在箱、盒的对应位置开孔，不得露洞。

管子进箱、盒应用专用锁母固定，管口露出箱、盒以 5mm 为宜。两根以上的管入箱、盒内的管头长度应一致。两管间距应均匀，排列整齐美观。

6. 管路敷设和连接

明配管应采用套丝连接，大量的直段配管宜用机械套丝，保证套丝一致，零星配管可用手动丝扳套丝。不应出现断丝和乱丝现象，保证套丝质量。

管子煨弯：对于直径小于等于 32mm 的钢管，一般采用手动弯管器在现场直接煨弯。

对于大于等于 40mm 直径管子的弯曲，应采用机械冷煨弯，既能保证弯管质量，还能降低施工人员的劳动强度，加快施工进度。

对于不能自行煨弯的大管径和大倍数弯，则应外部采购或委托加工。

无论是手工还是机械加工的管弯，一定要保证管弯光滑无明显皱褶，弯扁度不得超过管子外径的 1/10。

管子弯曲半径不应小于管子外径的 6 倍，管路只有一个弯曲时，管子的弯曲半径可以不小于管子外径的 4 倍。

管路水平和垂直敷设偏差：每两米不得大于 3mm，全长不得大于管子内径的 1/2（5m以上）。

7. 变形缝处的处理

在变形缝两侧各设置一个接线箱，在一侧接线箱内固定管的一端，在另一侧的接线箱口接管径的 2 倍的孔，两侧焊接好跨接地线（带补偿弯）。

在两侧各设接线箱一只，敷设可绕金属软管，用专用锁母连起来，焊好跨接地线（带补偿弯）。

8. 接地线连接

非镀锌钢管可用焊接方式，将圆钢或扁钢焊接在钢管连接处两端，接地线的使用视钢管的直径选用。管端焊螺栓将接地线与配电箱等用电设备进行连接。

镀锌钢管明配时不允许采用焊接方式连接地线，应使用专用接地卡和裸铜线（裸铜编织线）进行跨接固定，要求连接紧密不松脱。

（三）吊顶内、护墙板内管路敷设工艺

说明：有关配管参照明配管工艺，接线盒使用暗盒，使用镀锌板材，安装后涂防腐漆。

配管前一定要与其他专业（暖通、装饰）进行图纸会审，确定配管、开关、插座和灯位的相关位置，防止相互影响、拖延工期及造成浪费。

根据确定的开关、插座、灯、盒位置画好定位线，并在贴面板上钻孔或割孔。

管路敷设应利用吊顶内主龙骨进行固定，（管路紧贴顶板敷设时，进接线盒处应煨灯叉弯）护墙板内管路应与骨架固定。管子进入箱、盒应煨灯叉弯，防止箱、盒受力而变形，箱、盒内外均应带缩紧螺母，使用内护口。

管子在主龙骨或轻钢龙骨上固定时，应使用管卡和自攻螺丝或用管卡与拉铆钉。直径大于 25mm 以上或多根成排管路敷设时，应单独安装支架固定，以防止龙骨受力过大而损坏。

电线管暗敷设或贯穿墙面、楼板时，要注意不影响建筑物的结构强度和防水设施，贯穿部位要考虑美观而使用钢套管，贯穿建筑物外部的必须使用防水套管，贯穿防火区域的，必须做防火密封处理。

管路敷设应牢固通畅，在进入的吊顶内严禁有拦腰、绊腿管。如接管不得已采用长丝倒丝时，应在管箍后面背紧锁紧螺母。

管路固定点间距不应超过 1.5m，由吊顶内接线盒引往灯具及其他电器时，应使用软管，软管长度不应超过 1.0m。软管应采用包塑金属软管或阻燃 PVC 管，管两端应使用专用接头。

吊顶内的箱、盒安装，均应使盖板朝向检查口，以利检查维修。

在吊顶内明配的电线管按不同工种（灯具、电热、插座等），在每隔 2m 处涂以不同颜色的油漆或使用防水型配线环，以便检查和确认。

（四）管内穿线

1. 工艺流程

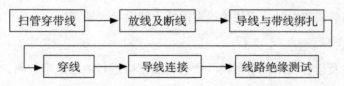

2. 管路清扫

穿线前应对所配管路进行吹扫，目的是将管内杂物及污水清除干净，使管内保持畅通穿线时不会受到阻碍及损坏。

扫管可用压缩空气，在管的一端管口将压缩空气送入，将落入管内的转渣、砂浆块和积水等从管的另一端吹出。特别注意的是，在管子出气端必须有人看护，应防止人员受到伤害，机械设备及环境受到损坏和污染。

还可以用带线绑上破布从两端来回拉拽，将管内杂物清理出来。

管子内部清理干净后，将带线再次穿入，带线截面大小应与所穿入的导线或电缆的规格大小相适配。

3. 放线

放线前应对所用的导线绝缘情况进行测试，应防止穿线完成后再检查出不合格造成返工。

导线放线时应使用放线架或放线车，防止因导线乱圈造成打结拧劲而损坏。

导线应根据不同的用电设备而截留不同的接线预留量，对于配电箱一般为箱周长的1/2；对于开关插座接线盒等，预留长度不超过 150mm。

4. 穿线

钢管在穿线前，应检查管口是否还有毛刺，护口是否已经带好，如有遗漏应立即补齐或更换。

穿线时，绑扎处应对准管中进入管内，防止卡破或受阻。管口两端操作人员应相互配合，一送一拉，同时还应观察放线情况。

同一交流回路的导线必须穿入同一根管内，互相间无干扰的同一设备或同一设备的控制回路可穿入一根管内。

同类照明的几个回路可穿入一根管内，但管内导线总数不应超过 8 根。

管内所穿的导线不允许有接头。

所穿导线较长，并经过接线盒时，在接线盒处应有人进行看护，防止导线损坏。

5. 导线连接

导线连接时不应使导线的绝缘强度降低，不应使导线的机械强度降低，不应使导线的接头电阻增大。

导线连接削绝缘层时，不允许将导线芯割伤；用电工刀削线时，不准采用环绕切削，而应采用斜剥法，最好使用专用剥线钳。

小截面导线宜使用专用安全型压线帽连接，不同截面应选用相适配的压线帽，导线总截面小于接线帽截面较大时，应往接线帽内插入辅助导线填实。

6. 绝缘测试

为确保送电及运行安全，对敷设的所有回路都应进行绝缘电阻检测，以便及时发现和消除隐患。

测试绝缘电阻一般选用1000V、0~1000MΩ兆欧表。在用电设备不接通的情况下进行，干线与支线分别摇测。绝缘电阻应符合设计要求或规范要求，检测结果应及时填入交工技术资料内。

三、配电柜、箱安装

（一）设备开箱点件

设备点件应有建设单位、供货单位和施工单位派员共同参加，并对点件结果签字确认。

按设计图纸、设备清单认真核对设备件数、规格型号是否符合，产品合格证及使用说明书等技术资料是否齐全。

配电柜、箱外观检查应无变形及损伤，油漆不脱落，色泽应一致。

配电柜、箱内电器装置及元件齐全，安装牢固，无损伤及缺件。

开箱时间与开箱数量应根据施工进度同步进行，应防止开箱过多，不能及时安装，造成丢失和损坏或者投入大量人力来进行保护。

（二）配电柜、箱搬运

配电柜、箱搬运应由专业起重工来进行作业，电工进行配合。

设备吊点应栓在配电柜的专用吊环上。如上部无吊装环时，应将吊索挂在柜底包装板上，防止吊绳直接使柜体受外力作用而变形和损坏。

室内搬运一般使用地牛车或移动式门架，采用人力撬动等方法时，应防止损坏设备外壳箱体，影响美观。

配电柜在搬运的过程中应采取必要的措施，防止配电柜因形体细高而发生倾倒，造成设备损坏或人身伤害。

运输当中应防止配电柜、箱上的电气元件掉落而损坏，因此，应采取适当的措施，如用胶带粘牢或拆卸保管好，待配电柜、箱、盘就位后再安装上。

（三）配电柜、箱就位固定

配电柜、箱就位前，应仔细核对柜、箱编号与设计安装位置是否相符，应防止放错位置再倒换，造成人员浪费和工期的拖延。

配电柜就位应从最里面的柜子开始，由里往外按顺序排列在基础型钢上。

配电柜找平找正应从两侧的柜子拉线进行调整并固定。对于单独安装的配电柜、箱的调整，应在柜、箱的正面和侧面挂线坠配合直尺进行调整。

配电柜、箱与基础型钢固定螺栓应与柜、箱的安装孔相配套，所用的螺栓及垫圈必须是镀锌的。

每台配电柜、箱均应单独与接地母线相连接，装有电器的可开启的柜门，应用裸铜软导线与接地母线相接，接地螺栓应配有防松弹簧垫圈。

对于暗装配电箱，应在土建工程施工当中进行预留预埋，即先预留孔洞，再将配电箱按标高位置调整至符合规范要求精度，然后由土建单位予以砌牢。以配电箱面板四周紧贴建筑物墙面，不得有缝隙为合格。

如明装配电箱安装，则应先按配电箱体尺寸及安装孔距来进行加工支架，并提前刷好防腐底漆与面漆后，再进行安装固定。固定支架可用膨胀螺栓将支架固定，然后用螺栓将配电箱与支架固定，要求配电箱横平竖直，偏差不得大于 1.5mm/m。

配电箱金属外壳用接地保护线与接地母线进行紧密连接，牢固可靠不松动。

（四）铜母线连接

铜母线及连接螺栓应由配电柜供货厂家配套提供，并编号清楚，以利现场安装速度加快。

铜母线连接前应检查接触面处是否平整、镀锌层是否完好。

所用连接螺栓是否与铜母线安装孔相适配，长短是否一致。

螺栓穿入方向应按规范要求：母线立放时，螺栓应从两侧向内穿入；母线平放时，螺栓应从下往上穿入。

螺栓紧固应使用力矩扳手，紧固力应符合规范要求。螺栓紧固后，螺杆应露出螺母 2~3 扣为宜，所有螺栓均为镀锌产品且应有防松弹簧垫圈。

（五）二次接线

施工前应仔细审图，熟懂原理，确定所需各种规格电缆和导线数量。

根据设计接线图和原理图进行柜间电缆和导线敷设，电缆及导线应排列整齐，成束线缆应进行绑扎固定。

所有接线端子应有明显标号。为防止接错，应对敷设的电缆和导线进行校验，正确后套以线号管，然后再与端子连接。

接线端子板每侧只允许接一根导线，最多不得超过两根，并且应在两根导线间加放平光垫圈。

截面大于 2.5mm² 多芯软导线应进行涮锡处理；小于 2.5mm² 多芯软导线宜采用专用压接端子连接，不应有断股或有毛刺。

所有进入配电柜、箱的电缆和导线，必须用专用绑扎带进行绑扎和固定，要求整齐、美观。

（六）配电柜、箱试验调整

对于高压配电柜应按规范要求进行交接试验，试验内容包括：高压柜、母线、避雷器、高压瓷瓶、套管、电压互感器、电流互感器、高压断路器等；调整内容包括：电流、电压、时间继电器等的调整，综合保护装置调试以及机械连锁调整。

对于低压配电柜、箱则应进行控制回路检测、低压母线检测及各出线回路的绝缘检测。

对各回路绝缘电阻进行检查时，应防止对柜内的低压电子元件造成损坏，应将此部分断开，不允许使用摇表测试，而使用万用表测试回路是否接通。

配电柜、箱通电调试前，应断开引往外部的断路器，防止发生意外。将控制回路送临时电（应将控制回路换上小容量的保险丝或断路器），分别检测控制、连锁、操作、继电保护和信号系统，试验各部动作应正确无误，灵敏可靠。

拆除临时电源，恢复配电柜内所用元器件及接线。

（七）送电试运行

1. 送电前的准备工作

安装作业已全部完毕，经质量部门检验全部符合设计和验收规范要求。

对柜内母线、开关及接线端子经过仔细检查没有任何遗留工具和杂物，柜内经过清扫擦拭干净。

试验报告已报告给有关部门，项目和数据符合要求，各继电保护动作灵敏可靠，控制连锁及信号动作准确。

送电运行所用操作及维护工具准备齐全（绝缘手套、绝缘靴、高压验电器、接地器具、绝缘胶皮、粉末气体灭火器和有关电气警告牌等已由建设单位准备齐全）。

由建设单位负责组织，监理单位、施工单位、设计单位和当地电力部门共同参加的送电领导小组，明确分工、统一指挥、各负其责。

2. 送电运行

送电前应先断开所有往外送电的断路器，外部配电箱进线开关也应处于断开位置，并挂"不得合闸"标牌以示警告。

由电力部门负责送高压电源给变压器供电，经过核对相位正确后，可投上低压总进线开关给低压柜供电，检查电压数值是否正常。

对有两路供电和有联络柜的送电前，除保证电压数值正确，还应进行核实相位正确，应保证开关动作顺序符合要求，从而防止误动作造成事故。

待配电柜带电正常后，再逐个回路往外部送电。

3. 竣工验收

空载运行 24 小时无异常后，可向建设单位办理竣工验收手续，交付使用，同时提交所有产品合格证及相关技术资料。

四、封闭母线槽安装

封闭母线槽应有出厂合格证、有"CCC"认证标志及认证复印件、安装技术文件。技术文件应包括额定电压、额定容量、试验报告等技术数据，并应符合设计要求。

母线槽的测量应在配电柜就位后进行，且应由制造厂家来人实测，以求准确。

封闭母线槽安装应与外壳同心，偏差不得大于 ±5mm。

当段与段连接时两相邻段母线及外壳应对准，连接后不应使母线及外壳受额外应力。

每当安装完一段后，应及时进行绝缘电阻值检查，应不低于 10MΩ，最后对封闭母线进行全面整理，清扫干净，要求接头连接紧密，相序正确，外壳接地良好。经绝缘测试和交流工频耐压试验合格后才能通电。低压母线的交流耐压试验电压为 1kV，当绝缘电阻值大于 10MΩ 时，可用 2500V 兆欧表遥测替代，试验持续时间 1min，无击穿闪络现象。

对封闭母线槽通电空载运行 24h 加以观察，无异常方可交建设单位使用。

母线吊架采用圆钢时，其最小直径不应小于 12mm；直托架角钢宜选用 50×5mm。

五、电缆桥架、线槽架安装

（一）操作工艺

（1）电缆桥架多选用金属槽式电缆桥架及线槽，在车间内水平或垂直敷设，用支吊架固定。

（2）根据设计图纸并结合现场实际情况确定桥架、线槽水平及垂直敷设准确路径，量出符合规范要求的支吊架位置及支吊架尺寸，预留好土建孔洞，或预埋好吊杆（架）。

（3）支吊杆（架）所用钢材应经过调直，不得有明显扭曲变形，下料应用无齿锯或钢锯，不得使用电气焊切割，切口毛刺应清除干净。

（4）钢支（吊）架应焊接牢固，焊缝工整，不得有漏焊及焊漏等现象，焊药皮应清除干净，按要求进行防腐处理。（最好选用成型镀锌产品）

（5）支（吊）架安装应横平竖直，除敷设在管架上外，固定点间距一般应为 1.5~3.0m。

（6）支（吊）架在桥架、线槽的始末端与分支处、进出配电柜、箱等处的距离应在 0.5m 以内。

（7）预埋吊杆的直径不得小于 10mm，预埋点要准确。

（8）在钢结构柱上不允许用焊接方式固定支架，可钻孔用螺栓固定。

（9）在实心砖墙及混凝土墙柱上，可使用膨胀螺栓固定支架，钻孔深度及直径不得过大或过小。

（二）桥架及支架安装

（1）桥架应平整，无扭曲变形，内壁无毛刺，各种附件及连接螺丝应齐全配套。

（2）桥架接口应平滑过度，接缝紧密平直，宽度尺寸应一致。

（3）在无法上人的吊顶内敷设桥架时，应预留检修口。

（4）不允许把桥架在穿过建筑物处将桥架与建筑物一块抹死。电缆桥架在每个支架上的固定应牢固，桥架连接板的螺栓应紧固，螺母应位于桥架的外侧。

（5）桥架通过建筑物的伸缩缝、沉降缝时，桥架本身应断开，槽内用内联接板搭接，但不允许固定，保护地线应留有补偿裕量。

（6）当直线段超过 30m 时，应设伸缩装置，采用伸缩连接板。铝合金或玻璃钢制电缆桥架超过 15m 时，应加伸缩连接板。

（7）敷设在竖井、吊顶、夹层及设备层的电缆桥架应具备防火要求。

（8）桥架应使用标准的各种连接件，桥架不允许使用电气焊进行加工。

（9）桥架弯头及垂直引上引下时的弯曲半径不应小于所敷设的电缆的最小允许弯曲半径。

（10）桥架在托臂上敷设时，应加以固定。

（11）在室外敷设的桥架应选用耐腐型热镀锌的，在进入建筑物时，应使室外标高比室内底，避免雨水流进室内。

（12）电缆支架形式根据现场具体情况确定：电缆沟内支架间距，不应大于0.8m；最上层支架距沟盖底距离，不应小于0.25m；最下层支架距沟底距离，不应小于0.1m。

（13）电缆支架用40×4角钢制作，不允许动用气焊切断与割孔，安装前应先除锈、刷防锈底漆，安装后再刷两遍面漆。

（14）所有电缆支架必须用热镀锌扁钢或热镀锌圆钢焊接后，再与接地母线相连接，不应少于两点（距离长时应增加连接点数）。

（15）桥架水平和垂直敷设直线部分的平直程度和垂直度允许偏差不应超过5mm。

（三）桥架接地

对于热镀锌桥架，可不单独安装跨接地线，但在连接件的两端必须有一条连接螺丝配齐弹簧垫圈并拧紧。

对于喷涂金属桥架，则应在桥架两端焊有专用的接地螺栓，接地螺栓直径不应小于8mm，接地跨接线应采用铜编织导线，截面不得小于16mm²。

对于较长距离桥架和线槽，除两端须与接地网连接外，沿全长每30~50m应与接地母线连接一次。金属电缆支架全长均应有良好的接地。

六、桥架内电缆敷设

将桥架内的杂物清除干净，引入桥架的管路已经固定完毕，护口上好。

敷设在桥架内、支架上的电缆和导线应排列整齐，尽量避免叠放和交叉。最好预先设计出桥架内各段电缆排列断面图。

根据施工图纸和现场实际路由，进行实地测量，了解障碍物的情况，以确定最终电缆长度及需求数量。

准备相关的运输、吊装和敷设电缆的设备和用具、电缆检测仪表等。

吊车、卡车、倒链、放缆车（架）、牵引车（卷扬机或绞磨）、地滑轮、侧向及导向滑轮）索具、通信工具、钢锯、绝缘摇表及万用表等。

电缆敷设前，应先检查电缆的绝缘和通路情况，高压电缆还应进行耐压试验。

1kV以下电缆用1kV摇表测试电缆，各相分别对地和对零线的绝缘电阻，应不小于10MΩ。

电缆测试完毕，应将电缆头用橡皮包布密封后再用黑色布包好。（最好选用专用热塑电缆封头，以保证电缆较长时间不致于受潮。）

对电缆的规格、型号、截面、电压等级及长度进行复核，对外观检查应无扭曲、破皮现象。

对于距离较长、电缆较多及多层建筑物内敷设时，应成立电缆施工指挥组织、统一协调、明确分工，并设有专用的指挥联络工具，并由专业起重工进行指挥作业。

电缆轴的移动：短距离的移动可直接滚动电缆轴（滚动方向与电缆轴上标注一致，不得使电缆松圈）；如长距离移动，应采用吊车与卡车或用叉车运输。需要注意的是，应防止任何安全事故发生。

桥架内、支架上的电缆及导线不应拉得太直，在桥架的转弯处，电缆及导线应靠弯曲的外部敷设。

桥架内的电缆及导线不得有接头，确需接头时，必须经接线盒分接（需经甲方认可）。

当桥架敷设角度过大或垂直敷设时，应及时对电缆加以固定，避免弯曲处的缆线受力太大而损坏及发生意外事故。

桥架内的电缆及导线的总截面积不得大于桥架横断面积的40%，电缆敷设不得超过两层。

控制电缆与动力电缆应分槽敷设，或在电缆桥架内加隔板分开。

电缆应在首尾两端、转弯处两侧、变高处及每隔15~20m处进行固定；垂直敷设的电缆的固定点间距应不大于1.5m；控制电缆应不大于1.0m。

电缆及导线在桥架与支架的转弯及分支处，应挂标志牌。

工程中电缆较大、较远时，应采用卷扬机牵引为主、人工辅助施放电缆，选择的卷扬机的牵引力和速度应符合国家规范的要求，机械敷设电缆的速度不宜超过15m/min。

七、直埋电缆敷设

（一）操作工艺

根据设计图确定电缆敷设路由并放线定位，根据工程量的大小及施工场地的具体情况决定采用人工还是机械挖沟。一般是长距离、电缆多、地下障碍少时，采用机械；反之，则采用人工挖。

挖沟前应对沿沟长方向的地下障碍情况加以了解，尤其是地下埋有通信、电力电缆、燃气、消防及热力管线时，一定要有施工措施，防止损坏和造成重大损失。缆沟尽量挖直，深度、宽度一致，土质过于松软时应适当放坡。

（二）保护管制作

根据道路及地下障碍情况，加工制作电缆保护管，一般情况选用钢保护管。

保护管的直径应由设计确定，如设计未规定时，应按保护管内径大于所穿电缆外径的1.5倍，有弯曲时应大于2.0倍。

保护管的长度要求是：比路宽和障碍每侧均应大出1.0m，由室内引到室外的保护管应伸出散水边缘。

保护管的两端管口应打成喇叭状，管口应光滑无毛刺。

较长的保护管的连接方式：

（1）螺纹连接：将要连接的管子需要连接的端部套丝，丝扣应连续无断丝用管接头连接起来，并应拧紧，再焊好跨接地线，对焊接处及气焊烤过处应涂以热沥青防腐。

（2）套管连接：套管的长度应大于需连接管子的外径的 1.5~3.0 倍，套管的直径应与需连接的管的直径相配，不得过大或过小。管子对口缝应平直，间距一致，对口应在套管的中间部位。焊接应严密、连续无断焊。对管子防腐被破坏处，应用热沥青防腐。保护管不允许直接对口焊接。

保护管需要弯曲时，其弯曲半径应符合以下要求：

（1）对于一般电缆，其保护管的弯曲半径不应小于管外径的 10 倍；

（2）对于带钢铠的动力电缆，其保护管的弯曲半径不应小于管外径的 15 倍。对于长距离的保护管，为了方便应提前穿入带线。电缆管应有不小于 0.1% 的排水坡度。

（三）电缆敷设

电缆敷设前，应将电缆沟内满铺细砂或软土，不应掺杂石块等尖锐物。

电缆应从电缆轴上方引出，这样可以减少阻力。牵引力应加以控制，防止损坏电缆。

电缆从轴上引下后，不得直接在地面上摩擦，应放置在地滑轮上，或人员手托及肩扛。牵引电缆应使用专用的自紧式钢丝网套。

电缆转弯时，应在转弯的内侧放置侧向滑轮，或用人员手托，人员一定要站在弯曲部分的外部，防止人员被电缆挤伤。

在电缆穿管处应加以控制，防止电缆跑偏而受到损坏。

电缆敷设应统一指挥，加强联络，前后协调一致。

如人力施放电缆，应根据电缆轻重安排适量的人员，用力应一致，精力应集中，防止发生伤人事故。

电缆在沟内间距应符合规范要求，排列整齐，但不宜拉得很直，应按波浪式敷设。

（四）铺砂盖砖

电缆敷设完毕，且经过调顺后，应在上面盖满 10cm 厚的细砂或软土，厚度应均匀，不得掺有石块及尖锐杂物。

在砂上铺盖红砖（或薄水泥板），覆盖宽度应超过电缆两侧各 50mm，砖或板应紧贴摆放，盖板上应标出受电方向。

（五）回填土

回填土中不得夹杂石块、铁器等，应以软土为主。

回填土每填 200mm 后，就应摊平，并用人工夯实，第一层不得过于用力，防止电缆受力过大而损坏。

回填至离地平300mm时，应将已预制好的电缆标桩放入沟中，底部垫砖，然后埋住。

电缆标桩埋设位置：在电缆沟起、终点，转角处、分支处、长直线段的适当处也应放置。桩顶应距地面150mm左右。

标桩上应标有"下有电缆"字样，并涂以红漆。

回填土应高出最终地面150mm，以留有下沉量。

（六）电缆敷设有关要求

1.对电缆的质量验收要求

型号规格及电压等级应符合设计要求，并有合格证及出厂检验报告和"CCC"认证标志及认证复印件。

每轴电缆上应标明电缆规格、型号、电压等级、长度及出厂日期，电缆轴应完好无损。

电缆外观应完好无损、铠装无锈蚀、无机械损伤、无明显皱褶和扭曲现象，橡套、塑料电缆外皮、绝缘层无老化及裂纹。

2.电缆敷设

电缆轴移动时应按电缆轴上箭头指示方向滚动，无方向指示时，可按电缆缠绕方向滚动，以免电缆松动。

电缆敷设应以起点为宜，架设电缆轴应注意电缆头的转动方向，电缆应从电缆轴的上方引出。电缆敷设严禁有绞拧、铠装压扁、护层断裂和表面严重划伤等缺陷。

机械牵引施放电缆时，电缆牵引头与牵引钢缆间应装设防捻器，最大牵强度应符合《建筑电气工程施工质量验收规范》（GB50303-2002）和《电气装置安装工程电缆线路施工及验收规范》（GB50168-2006）的有关规定。

电缆敷设弯曲半径必须符合《建筑电气工程施工质量验收规范》（GB50303-2002）和《电气装置安装工程电缆线路施工及验收规范》（GB50168-2006）的有关规定。（一般不小于电缆外径的10倍，对于YJV电缆弯曲半径不应小于电缆外径的15倍。）

直埋电缆应选用铠装电缆，电缆沟深度及平整度、铺砂盖砖的厚度及宽度，必须符合《建筑电气工程施工质量验收规范》（GB50303-2002）的有关规定。

按规范要求及现场实际加工和安装电缆沟内电缆支架，支架高度应一致，误差不应大于10mm。

支架与预埋件焊接固定时，焊缝应饱满；用膨胀螺栓固定时，应使用M10mm膨胀螺栓，且连接紧固，防松零件齐全。

支架应按要求进行刷漆防腐，支架必须与接地干线相连接（焊接）。

电缆敷设前应先做绝缘电阻及通路检查，以防返工浪费人力及拖延工期，高压电缆必须做耐压试验。

电缆排列应整齐，少交叉；水平敷设的电缆首尾两端及每隔5~10m处设固定点。

电缆出入电缆沟及管口处应做密封处理。

电缆头的接地线应采用铜绞线或镀锡铜编织线，其截面不应小于16mm²；电缆截面大于150mm²时，其截面不应小于25mm²。

3. 预制分支电缆敷设

分支电缆为在规定的干线电缆位置上，连接支线电缆。分支头采用特殊材料和工艺处理，完全满足施工简易性、供电可靠性的要求。其阻燃和耐火品种能满足高安全要求，可替代各种中、小型母线槽，且具备可弯曲性和长度制造方便性。由于分支电缆的分支接头和上端支撑都是气密和防水的，因此可使用于潮湿环境。

主干电缆和分支电缆已经在工厂预制，故现场施工较简便。

4. 施工前准备

根据施工图纸，会同厂家到现场按实际情况进行测量、定位，以确定主干电缆和各分支电缆的长度以及分支接头的位置，然后根据测量数据订货采购。

核对所要敷设的主干电缆与分支电缆的品种及规格，并按设计要求、图纸规定检查组合是否符合要求，分支接头连接是否牢固。

检查建筑物的预留孔洞是否符合标准要求。

敷设前应测试电缆的绝缘电阻，规定其绝缘电阻不低于规范要求才可敷设。

5. 电缆敷设

采用三部电缆架，一拉一送，另在转弯处设一过渡电缆架轮，以防止电缆敷设过程中建筑物或其他物件损坏电缆，采用从地面拉起的敷设方法。

敷设过程中应把分支电缆全部与主干电缆绑扎在一起，避免在电缆垂吊中分支电缆摆动，划伤电缆护套层。分支接头过第二个电缆架时，要做好保护工作，防止电缆挤压受损。

敷设过程中做好分支接头的保护工作，避免在垂吊中碰伤。

主干电缆在订货采购时应多预留500mm，以便电缆头受潮或受水分侵蚀或在敷设中受到损伤时，可锯掉该部份，并对电缆头进行处理，确保整条主干电缆符合要求。

电缆穿过楼板预留孔洞后，应用防火密封泥封堵孔洞。

6. 电缆固定

（1）角钢支架安装

安装前应进行现场勘查，检查墙面垂直度是否符合要求，如偏差太大则必须进行处理。

放线定位。选取一木条马鞍线夹电缆槽的中心点为基点，按此基点离墙面的距离为标高，从敷设的始端到终端拉线，每个电缆槽拉一根线，确保线夹的电缆槽中心点上下垂直对齐，以防止电缆敷设安装时扭曲，然后再按照此基准安装角钢支架。根据现场实际情况均匀配置支架的安装位置，并保证支架的水平度及垂直度。支架安装时不能直接固定在批荡层上，应凿去批荡层再用膨胀螺栓将支架固定在混凝土墙上。

（2）木条马鞍线夹安装

该种方法适用于较大的电缆固定。将线夹的底部用镀锌螺栓和螺母固定在角钢支架上，电缆在线夹上敷设好后，退下螺母再用线夹将电缆夹持，用镀锌螺母紧固。固定线夹时一定要用水平尺打平，使线夹上的电缆槽垂直向下，同时应保证预拉线穿过线夹槽的中心点，使上下线夹一致对齐，避免紧固电缆时，扭曲电缆。其作用是：将预制分支电缆的总体重量，均匀分布在每隔1.5~2.0m的电缆支架和马鞍线夹上。这样避免电缆在大电流运行时所产生的电磁吸力、斥力和抖动。

7.电缆卡子的安装

该种方法适用于较小的电缆固定。先将电缆按序排好，再根据配电箱的位置按组在角钢支架上排好，做好标记，然后用电缆卡子把电缆固定在角钢支架上。固定时一定要在电缆与卡子、支架的接触面垫橡胶垫圈，防止金属破坏电缆的绝缘保护层。

在卡子安装的过程中，应绑好电缆的上下端，防止电缆扭曲，分支接头要上下略为错开。

8.电缆测试

电缆敷设后，对整条电缆的相间及对地绝缘电阻测试，其绝缘电阻应不低于规范要求，且48h后重复测试。电缆的耐压试验结果，泄漏电流必须符合施工规范规定。

表 4-3-3　电缆敷设有关质量标准

名称	质量标准内容	检查方法
电缆敷设	电缆严禁有绞拧、铠装压扁、护层断裂和表面严重划伤等缺陷	抽查10%，观察检查
电缆敷设	电缆敷设位置正确，排列整齐，固定牢固；防火隔离措施完整正确；分支电缆外走向整齐清楚，电缆的标记清晰齐全，挂装整齐无遗漏	抽查5处，观察检查
角钢支架	每隔1.5~2.0m需安装一个支架，支架固定牢固，分布均匀	全数检查，观察检查
木条马鞍线夹	夹紧电缆，等距离均匀隔离且固定电缆	全数检查，观察检查
接地（接零）	电缆支架保护接地（接零）线敷设正确，连接紧密牢固，接地（接零）线截面选用正确，接地（接零）线走向合理	全数检查，观察检查

八、热塑电缆终端头制作

（一）施工准备

根据电缆的规格选购配套的热缩电缆头材料，厂家必须是知名度较高的、质量必须信得过。到货的产品必须确保不会发生质量隐患。

施工中必备的汽罐及烘枪、白布、干净手套、砂纸及刀具等应准备齐全。

操作前应熟知电缆头施工规范和电缆头制作工艺方法。实际电气设备按线位置调整好电缆的长度与位置，核实好接线相位，这样做不仅能保证电缆头制作和接线美观，而且省工省力。

切包电缆时应小心，不得伤及电缆芯线绝缘，应严格按操作规范要求施工。

（二）低压电缆热缩终端头制作工艺

先固定电缆，然后按实际预留长度去外护套。

由外护套断口量取 30mm 铠装，并绑扎好，其余剥除。

在铠装断口处保留 20mm 内护套，其余剥除。

摘取填充物，分开线芯。

打光铠装上的接地线焊区，将镀锌铜纺织线与钢铠焊牢，操作应熟练快捷，避免线芯过热。

编织铜线截面要求：120mm² 截面以下电缆不小于 16mm²，120mm² 截面以上电缆不小于 25mm²。

清理干净线芯根部，用填充胶包缠根部及线芯分叉部位（将钢铠接地线包缠在内），形为锥体状，最大直径比电缆外径大 15~20mm。

将电缆指套（根据电缆线芯数确定指套规格型号）套入分叉根部，由指套根部向两端加热，使手指套周围均匀受热后缩紧电缆线芯和锥形体。

从指套端量取实际需要的接线长度后截断线芯。

剥除接线端子内孔深加 5mm 长度线芯绝缘层（端部削成尖状，以防止环形切口损伤线芯），并清理干净线芯表面的氧化层。

将铜端子内孔清理干净，涂少许质量好的导电膏，将线芯插入端子直到孔的最里端，压牢铜端子，在铜端子与绝缘层之间包缠填充胶。

将截取好的绝缘热塑套从端子方向套入，直到将指套压住 20mm 以上，然后，用喷灯从指套部位开始向端子方向均匀烘烤加热，直至全部热塑完成。（将端子压住 20mm）

将热塑相色管套在绝缘层与端子结合部加热固定。

电缆头制作完毕，应用 1000V 摇表检测绝缘电阻是否符合要求。

（三）高压电缆热缩终端头制作工艺

先固定电缆，然后按实际预留长度去外护套。

由外护套断口量取 30mm 铠装，并绑扎好，其余剥除。

在铠装断口处保留 20mm 内护套，其余剥除。

摘取填充物，分开线芯。

打光铠装上的接地线焊区，将镀锌铜编织线与钢铠焊牢。

将三相线芯屏蔽层连接后再用铜编织线引出。（钢铠接地与铜屏蔽接地应分别引出，不得在电缆头内部连在一起，引出一组接地线。）

在芯线根部塞入导电楔，然后用填充胶包缠三叉根部，形为锥体状，最大直径约比电缆外径大 15mm。

将三指套套入三叉根部，由手指根部向两端加热，使手指套受热后缩紧电缆用线芯。

从指套端量取 55mm，用钢卡箍住后，剥除其余铜屏蔽。

保留 20mm 半导体层，其余剥除，并清理线芯绝缘表面，不留有半导体残污。

将应力管套入线芯，压住铜屏蔽 20mm，然后从下往上加热，缩紧应力管。

按铜端子孔深加 5mm，剥去线芯绝缘（端部削成尖状，以防止环形切口损伤线芯），插入铜端子孔的根部，压牢铜端子。在尖状部位包缠填充胶，并搭接至端子 10mm。

将绝缘管套入至三叉根部，管的上端应超出填充胶 10mm，从根部起加热固定。

将密封管套端子与线芯结合部位，由端子侧向下回执固定。

将相色管套在密封管上加热固定。电缆头制作完毕，应用 2500V 摇表检测绝缘电阻是否符合要求，最终应按交接试验要求做电缆试验。

九、防雷接地系统安装

（一）防雷接地系统安装

1. 本工程采用金属屋面作为接闪器，钢柱作为防雷引下线，钢结构柱混凝土基础内的钢筋作为接地装置接地体。施工时，按照设计要求，将规定位置的钢柱基础内钢筋与底板内钢筋焊通作为接地体，接地搭接、跨接必须严格按照国家相关规范进行施工，以保证连通可靠。同时，焊接时必须注意保护结构主钢筋，以免过度烧焊破坏钢筋强度。施工过程中应密切配合土建主体结构工程施工，做好防雷引下线（接地干线）焊接工作、引下线与屋面避雷网的电气连接，施工过程中注意办理隐蔽工程验收手续。

2. 避雷网安装

屋顶避雷线采用 ϕ10mm 镀锌圆钢，敷设前应平直，弯曲处不得小于 90°，弯曲半径不得小于圆钢的 10 倍。

避雷网分明网与暗网两种，暗网格越密其可靠性越好，重要建筑可使用 5×5m 网格，本工程按设计要求采用 18×18m 网格。

屋顶避雷带明敷时支架高为 10~20cm，其各支架间距不大于 1.0m。接地母线、避雷网均应使用热镀锌制品，因施工而使镀锌层破坏处，应及时补刷防腐漆。

（二）接地母线连要求

镀锌扁钢不应小于其宽度的 2 倍，且应至少 3 个棱边焊接。（当扁钢宽度不同时，搭接长度以宽的为准。）扁钢需调直，煨弯不得过死，直线段上不应有明显弯曲，并应立放。

镀锌圆钢焊接长度为其直径的 6 倍，双面施焊（当直径不同时，搭接长度以直径大的为准）。

角钢接地极与扁钢接地母线焊接时，接地母线应与接地极 2 个面焊接，或采用加搭接母线块来满足要求。

所有埋入地下接地母线焊接处，均应涂刷热沥青进行防腐处理。

室内沿墙明敷设时，距地面高度为 0.3m，固定点间距不大于 1.0m，至弯曲处距离为 0.25m，距墙面为 10mm。

室内接地母线上，应安装供临时接地用的螺栓，并配带元宝螺母。

室内明敷接地母线应按规范涂刷色漆。

室外的机电设备和金属构架必须单独用合格的接地线，与接地网相连接，且保证接触紧密牢固。

接地电阻测量数值必须满足设计要求，本工程接地电阻要求不大于 1Ω，否则应另外补打接地极来满足设计要求。使用的接地电阻测试仪表，必须是在检验期内的仪表，使用与维护应有具体规定。

制作独立避雷针时，应按设计图纸要求进行加工，除锈、镀锌，底座应牢固平整，预埋件牢固防腐符合设计要求；避雷针制作方式应与建筑物的外观相适配。

安装独立避雷针时，应保持针体垂直，底盘法兰螺栓紧固不松动，焊接牢固，无咬肉焊穿现象，并防腐处理良好。

所有接地检测点制作符合设计要求，外部应有明显接地标记。

所有接地连接线必须采用铜质的压接端子，用专用油压接钳压接牢固。

接地线与接地铜棒的连接，要使用黄铜或耐腐蚀的型卡，做牢固的电气连接。

引入地下的接地线，在地面以下 0.75m 开始，至地面以上 2.5m 处，要用厚壁 PVC 管保护。

变配电室内设置埋入式接地端子箱，暗装的接地端子盒必须能充分容纳接地回路的所有接地线，并能做到便于维护。

接地系统施工应由监理工程师检查验收，接地电阻测试结果应由监理进行确认。

第五章　电力系统的安全控制

电力系统的运行状态直接影响电网的实际安全水平，因此要提高电力系统供电的可靠性，就必须注意安全运行的控制问题。

第一节　概述

在电力系统中任一地点发生故障，均将不同程度地影响整个电力系统的正常运行。特别是在主要干线上或发电机内发生故障时，如不能及时正确地处理，将使事故扩大，波及电力系统中其他正常运行部分，以致造成大面积停电，同时其在政治、经济上造成的影响也是十分巨大的。到目前为止，世界各国对事故停电所带来的直接和间接损失并没有统一严格的分析和计算准则。例如，根据美国电气和电子工程师协会（IEEE）的估计，每少供一度电造成的损失为 $0.33 \sim 15.00$ 美元；英国 1978 年的资料表明，每少供一度电的损失为 $0.3 \sim 1.0$ 英镑。这些近似的统计数字均表明了停电所带来的直接和间接经济损失是实际电价的几十倍，甚至上百倍，它与用户类型、供电时间（白天还是晚上）以及停电时间的长短等因素有关。所以，电力系统运行中的安全性已成为人们特别注意的问题。

电力系统安全运行的目的是保证电力系统能以质量（一般指电压和频率）合格的电能充分地对用户连续供电。

在以前，电力系统可靠性往往包括电力系统安全性的含义。目前，电力系统可靠性和电力系统安全性已分别表示两种不同的概念。电力系统可靠性是一个长时间连续供电的概率，是按时间的平均特性的函数，属于电力系统规划范畴的问题。电力系统安全性则是表征电力系统短时间内的抗干扰性（在事故下维持电力系统连续供电的能力），是在电力系统实时运行中应解决的问题。因为在电力系统中经常有可能出现各种干扰和事故，如设备的损坏、自然现象的作用、人为的失误和破坏等，其中很多原因是不能预测和控制的，所以，在电力系统的实际运行中绝对不发生事故是不可能的。重要的问题是，一个能够保证连续供电的电力系统必须具有经受一定程度干扰和事故的能力。也就是说，当出现预先规定性质和规模的干扰或事故后，电力系统凭借自身具有的抗干扰能力和继电保护及其自动装置的作用，以及运行人员的控制和操作，仍能保持连续供电。例如，在由双回路供电的电力系统中，要求在一回线路故障断开后，另一回路仍能维持连续供电。但是，当电力系统中出现一个超出规定的事故后，就有可能使电力系统失去连续供电的能力，导致一部分用户停电。如果考虑到所有可能出现的事故（即使出现的概率很小），那么就不存在一个绝对或完全安全的电力系统。所以，在讨论电力系统安全性时，都是相对于某些电力系统特定运行方式和某些特定的事故形式而言的。一个安全的电力系统，不仅要求能经受特定的事故，而且要求在严重事故下也能尽量缩小事故的范围，防止事故的扩大，或者能迅速消除事故所造成的后果，恢复正常供电。

一般所谓电力系统稳定性（或稳定运行），则是关于保持所有发电机并列同步运行的条件，是电力系统安全运行中的一个重要条件。

一、电力系统安全控制状态

根据电力系统不同的运行条件，可将运行状态分为五种：正常状态、预警状态、紧急状态（事故状态）、系统崩溃、恢复状态（事故后的状态）。随着运行条件的改变，电力系统将在各种状态之间进行转变。

电力系统安全控制就是要积极采取各种控制措施和手段，使电力系统运行处于正常状态。

（一）正常状态

电力系统在正常运行时，均应满足等式约束条件和不等式约束条件，这样才能保证电力系统在数量和质量上都满足用户对电能的需求。这些约束条件包括发电机、变压器和线路，甚至开关和互感器等有关的发电设备和输变电设备都应该处于运行容许值的范围内，各母线电压和系统频率均应该处于允许的偏差范围之内。同时，正常运行状态下的电力系统，其发电设备和输变电设备还应该保持一定的备用裕度，使电力系统具有一定的安全水平并能够承受正常的干扰（如电力负荷的随机变化和设备的正常操作等），而不会使电力系统的安全水平受影响。另外，在保证安全的条件下，电力系统可实行各种方式的经济运行以提高电网的运行效率。电力系统经常性的小负荷变动属于正常情况，可以认为是电力系统从一个正常状态连续变化到另一个正常状态的过程。

（二）预警状态

预警状态与正常状态的差别在于安全水平的不同，前者是欠安全的，后者是安全的。从正常安全状态转入预警状态的原因是由于发电机、变压器、输电线路运行环境的恶化，或发电机计划外检修，使电力系统中各电气元件的备用容量减少到安全运行的最低限。处于预警状态下的电力系统，尽管仍然可以满足等约束条件和不等约束条件，系统也能够提供质量合格的电能，但是系统的安全已经下降到很低的水平，这时系统已不能够承受各种正常的干扰，一旦发生干扰，就有可能不满足某些不等约束条件，如某些线路和变压器过负荷、某些母线电压低于下限值等。这时，应该采取积极控制措施，调整负荷的合理配置，切换线路，改变和调整发电机功率，使电力系统尽快恢复到正常状态。

（三）紧急状态

处于正常状态和预警状态的电力系统，如果发生了严重的干扰，如一台主要大容量发电机非正常退出工作或一条主要输电线路发生短路，系统将进入紧急状态。此时，等约束条件可能仍然得到满足，即负荷功率仍然可以得到满足；但是，电能质量（频率或电压）已无法达到合格的标准，某些不等约束条件会遭到破坏，如某些母线电压会低于其下限值、某些输电线路或变压器过负荷等。上述不等约束条件遭到破坏，可能会使还在运行的其他设备承受不了过电压、过负荷、低周波、低电压，使事故进一步扩大。此时，如果采取有效的紧急控制措施，解除一些设备的越限运行状态，系统就可能恢复到预警状态或正常状态。

（四）崩溃状态

电力系统中如果发生事故，正常运行将会遭到破坏，此时如不及时排除故障和采用适当的控制措施，或者这些措施不能产生效果，则电力系统就有可能失去稳定。为了缩小失去稳定的范围，电力系统中的自动解列调节装置和调度人员的有效操作将使电力系统解列成几个子系统，这时等式约束条件和不等式约束条件均会遭到破坏，发电机发出的功率与负荷消耗的功率出现不平衡。在一些子系统中由于电源功率不足，不得不大量切除负荷；而在另一些子系统中，由于电源功率远远超过了负荷的功率，会迫使部分发电机组退出运行。系统解列后的各子系统可靠性降低，此时应尽量使各解列后的系统维持部分供电，以避免全系统的彻底崩溃。

二、电力系统安全运行的要求

电力系统运行的安全性，原则上首先应在电力系统规划设计中加以考虑。各个规划设计部门应根据规定的可靠性准则，校核电力系统各发展阶段的规模（包括发电容量及其配置、电网结构及其输送容量等），使其能与电力系统各地区负荷的增长相适应，并有足够的备用。这种电力系统发展规模与负荷增长的适应，不仅要求有功功率达到平衡，同时要保证无功功率的平衡，以避免由于无功功率的不足和电压的下降而使电力系统瓦解。特别要注意电力系统中各薄弱环节的结构（如距离过长或联系阻抗过大的单回线路、高低压环网结构、弱联系大环网、过弱的受端系统、主要电源T接等），因为很多事故的发生和发展往往就出现在电力系统的某些薄弱环节中。在实际运行中，电力系统的结构往往与设计的条件是不一致的。例如，大机组与主干线路退出运行、系统处于检修方式，或者由于计划内的设备不能及时投入运行而不得已采用一些临时性的措施等。所以在设计时，就应考虑在各种典型运行方式下各种可能见到的事故，并分别按地区的特点进行校核。为了保证电力系统运行的安全可靠，还应考虑出现罕见的严重事故的情况，并做出全面的分析研究，在技术经济合理的条件下，采取相应的措施，使事故的影响降到最小，做到有备无患。

在实际运行中，一般用安全储备系数（如实际线路潮流和相应线路的极限传输能力之差的百分数）和干扰出现的概率来确定一个电力系统当前的安全水平。很显然，在正常情况下，一个具有足够安全储备系数的给定电力系统可以认为是安全的；但是在异常条件下，如暴风雪，则需要有较大的安全储备系数才能保证安全运行。这些异常条件，不仅增加严重干扰的概率，而且增加一系列连锁性干扰的概率，它们的积累效应往往是很严重的。

结合我国当前的具体条件，对电力系统安全运行的具体要求，大约可分为以下几种情况。

（1）对于某些结构的电力系统，当发生某些预计的故障或某些特殊情况时（如在同级电压的双回线和环网中，任一回线发生单相永久性接地故障，重合不成功），整个电力系统必须保持安全运行，而且不允许影响对用户的供电。这里所谈的不影响对用户的供电，是指事故后系统频率不低于某一规定值，电网各母线电压不低于保持电力系统安全运行的数值，不中断对用户的供电。

（2）对于某些结构的电力系统，在发生另一些预计的或某些特殊的情况时（如单回线发生单相永久性故障，重合不成功），整个电力系统必须保持安全运行，但允许部分地影响对用户的供电。

（3）允许故障后局部系统做短时间的非同步运行，但是电网的结构和运行条件必须能保证满足某些条件。例如，非同步运行时通过发电机的振荡电流在允许范围；母线电压波动的最低值不低于额定值的75%，使不致甩负荷，只在电力系统的两个部分间失去同步，以及有适当的措施可以较快地恢复同步等。

（4）当发生某些预计不到的事故（如继电保护或自动装置动作不正确、断路器拒动、多重故障或其他偶然因素等），使系统不能保持安全运行时，必须使事故波及范围尽量缩小，防止系统崩溃，避免长时间大面积停电，并应使切除的负荷为最小。

（5）电力系统因事故而解列为几个部分后，必须保持各部分继续安全运行，不使发生电压或频率崩溃。

解决电力系统运行的安全问题，除了要从电力系统的结构、设备的质量及其维护、各种保护措施和自动装置等方面进行努力以外，关键在于加强全系统的安全监视、安全分析和安全控制，在出现任何局部故障后，能迅速处理和恢复正常运行，不使任何局部的故障扩大为全系统的事故；同时，应尽可能做到"防患于未然"，即应在计算和分析当前运行状态的基础上估计出各种可能发生的故障，预先采取措施，以尽可能避免事故的发生和发展。就当前的技术水平而言，对电力系统的安全控制要求能做到自动控制功能和人工控制功能的合理配合，使运行人员成为整个电力系统控制系统的有机组成部分。

安全监视利用电力系统信息收集和传输系统所获得的系统和环境变量的实时测量数据和信号，使运行人员能正确而及时地识别电力系统的实时状态（正常、警戒、紧急、恢复和崩溃状态）电子计算机的应用使这种功能大大提高，运行人员能有效地掌握大量实时数据，并做出正确的判断。

安全分析是在安全监视的基础上对实时状态及预测的未来状态的安全水平做出的分析和判断。在巨大的电力系统中，仅仅依靠人的经验和能力，要正确做出这种分析是很困难的，特别是对于捉摸不定的未来状态进行分析更是不易做到。快速电子计算机的应用，能在很短的时间内对实时的状态和未来时间里可能出现的多种事故及其所造成的后果做出分析和计算，为确保安全运行所必需的校正、调节和控制提供必要的依据。先进的安全分析还可为运行人员提供实现有效的安全控制所必需的对策和操作步骤，通过运行人员的最后判断做出决定，然后发出操作和控制的命令；也可以由控制系统直接发出控制信息，实现实时闭环控制。

安全控制是在电力系统各种运行状态下，为保证电力系统安全运行所要进行的各种调节、校正和控制。广义地理解，安全控制包括对电能质量和运行经济性的控制。现代化电力系统的运行要求具备完善的安全控制功能和手段，而正是这一点，使对实时数据的要求、信息处理方法，计算机系统和人机联系的设计等方面发生了根本的改变。

三、电力系统故障影响因素分析

根据国内外电力系统重大事故的分析，除了自然因素外，影响电力系统事故发生和发展的重要因素有以下几方面。

第一，电力系统规划设计方面的因素。电力系统运行的安全性，原则上首先应在电力系统规划设计中加以考虑。各个规划设计部门都应根据规定的可靠性准则，校核电力系统各发展阶段的规模（包括发电容量及其配置、电网结构及其输送容量等），使其均能与电力系统中各地区负荷的增长相适应，并有足够的备用。这种电力系统发展规模和负荷增长的相适应，不仅要求有功功率达到平衡，同时也要保证无功功率的平衡，以避免由于无功功率的不足和电压的下降而使电力系统瓦解。特别要注意电力系统中各薄弱环节的结构，因为很多事故的发生和发展往往就出现在电力系统的某些薄弱环节中。根据我国近几年来的事故统计，在稳定破坏的事故中，约有2/3发生在电网结构较弱的电力系统中，如表5-1-1所示。

表 5-1-1 在较弱电网结构中发生的稳定破坏事故统计

结构形式	占事故总数的百分数/%
距离过长或联系阻抗过大的单回线	38.6
高低压环网结构	19.0
弱联系大环网	5.7
过弱的受端系统	2.9
主要电源 T 接	0.5
合计	66.7

在实际运行中，电力系统的结构往往与设计的条件是不一致的。例如，大机组或主干线路退出运行、系统处于检修方式等，所以在设计时就应考虑在各种典型运行方式下各种可预见到的故障，并分别按地区的特点进行校核。为了保证电力系统的安全可靠，还应考

虑罕见的最坏事故情况，并做出全面的研究分析，在技术经济合理的条件下，采取相应的措施，争取使事故的影响降为最小，做到有备无患。

第二，电力系统设备元件上的问题。在实际运行中，往往由于制造厂交货的不及时或经费、自然环境、劳动力安排等原因，使计划内的设备不能及时投入运行，不得已而采用一些临时性的措施。这些措施往往能应付正常的运行方式，而不能适应不正常的运行方式。在设备的设计和制造中，往往由于没有全面和合理地考虑多种因素，如严重的气候条件（飓风、冰雪等）、地区的电气特性（如接地电阻等）等特殊的技术和环境条件，因而影响设备的正常运行和电力系统的安全性。因此，在实际运行中，为了保持设备的完好和安全可靠，必须定期根据现场的实际条件，对设备及其周围环境进行试验、检查和校核，及时发现和消除设备的隐患及其初期的缺陷。特别是在系统结构薄弱和电源紧张的情况下，保持设备的完好更有重要意义。不言而喻，加强设备的预防性维护可能是花费最少而收效最大的安全措施，它可以减少出现故障的概率，即使出现故障也可减轻其严重程度。

第三，继电保护方面的问题。继电保护装置的功能一般用三个性能指标来衡量，具体如下：

可靠性——就是要能正确地动作，通过断路器隔离保护区内的故障设备和元件，避免事故的扩大；

选择性——避免保护区外故障所引起的错误动作；

快速性——要有足够快的反应和动作时间，使设备不致由于过电流或过电压而受到损坏，或者由于故障时间的延续而使系统失去稳定或扩大事故。

一般来讲，希望继电保护装置越简单越好。但是，由于电力系统的结构日益复杂，相应的继电保护系统也越来越复杂，这给各种继电保护装置的整定配合带来了一定困难。特别是在运行方式和系统接线变更时，往往由于继电保护整定值未能及时做合理的修正而导致事故情况下的拒动或误动，成为扩大事故的重要原因。近年来，我国电力系统事故的统计结果表明，由于继电保护直接引起的事故或因其而导致事故扩大所造成的稳定破坏事故约占所统计事故总数的 41%，如表 5-1-2 所示。

表 5-1-2　由于继电保护引起的事故统计

事故原因	占所统计事故数的百分数/%
由于继电保护误动而直接引起的稳定破坏事故	7.6
由于继电保护拒动、误动或不健全而使故障扩大为稳定破坏的事故	33.3
合计	40.9

（1）电力系统运行的通信和信息收集系统

很多事故后的分析表明，在一些正常或事故情况下，由于缺少某些电力系统实时运行方式的重要而基本的信息（如线路潮流、主设备运行状态、母线电压等），或者由于传送信息有误差（如断路器状态的不对应），而使运行人员对系统的现状缺乏正确的概念，未能及时发现问题和处理问题，或者由于根据错误信息做出错误的判断，而造成事故的扩大。特别是在发生事故后，信息收集系统应能及时反映系统迅速变化的状态，使运行人员易于抓住事故特点，及时做出正确判断。

事故情况下，通信失灵，各级运行人员间无法进行联系和正确指挥，往往是使事故扩大或处理延缓的重要原因。

（2）运行人员的作用

虽然电力系统自动化的水平越来越高，特别是计算机在电力系统运行中的应用，取代了原来很多需要人工进行的工作，但是自动化水平的提高并没有丝毫减少运行人员在整个电力系统运行和控制过程中的主导作用。技术水平高的自动监视和控制系统需要相应文化和科学技术水平的运行人员去正确而熟练地掌握和使用，才能充分发挥它们的作用。特别是在事故情况下，更要求运行人员能应付突然来临和未能预测的严重运行状态，及时做出反应，采取正确的操作步骤和控制措施。对很多重大事故的分析表明，运行人员对系统及设备的情况不熟悉，或者情况不明，判断错误，以致处理不当，往往是使事故扩大或延长事故时间的重要原因之一。所以，在选择调度人员时，应考虑他们的文化技术水平和运行经验，同时还应注意他们的精神素质。平时要拟定综合性的训练和提高计划，对他们进行定期的有计划的培训。

要编制和经常修订各种运行规程（包括各种事故处理导则），并督促运行人员严格贯彻和执行。对于电力系统中各级运行人员的职责要有明确规定，要求相互密切配合。上一级运行人员缺乏指挥下一级运行人员的权威，各级运行人员间工作的不协调，也往往是拖延事故处理时间和扩大事故的重要原因之一。

（3）运行计划管理上的问题

在电力系统的实际运行中，事故的发生和发展往往与系统的运行方式（包括实际结线方式）有很大关系。根据我国近年来稳定破坏事故的统计，与运行管理有关的约占总事故数的63.9%，如表5-1-3所示。所以，为了保证系统的安全运行，应该对实际运行的电力系统结构和运行方式（考虑到若干设备在计划检修和停役下的运行方式、水电厂供水和枯水季节的运行方式等）进行几天以至几周内的运行分析，并结合可靠性则的规定和运行经验及具体环境条件，对各种预想事故及其后果做出分析并对处理办法做出规定。在运行方式的安排上，应考虑足够的旋转备用和冷备用，以及它们的合理分布。除了正确的继电保护配置和整定外，对事故后防止大面积停电的安全自动装置（如切机、切负荷）的协调和配置也应做仔细的考虑和安排。

表 5-1-3 与运行管理有关的稳定破坏事故统计

分类	运行管理方面的问题	占事故总数的百分数/%
静稳定破坏	对正常或检修的运行方式未进行应有的稳定计算分析，在负荷增长或受电侧发电厂减少出力时，未能控制潮流	16.6
	由于无功不足、线路长、负荷重，或将发电机自动调整励磁装置退出运行，或误减励磁造成运行电压大大下降，电压崩溃	10.5
暂态稳定破坏	对发电机失磁是否会引起稳定破坏未做分析计算，未采取预防措施	15.7
	高低压环网运行方式考虑不当，或环网运行时未采取相应的解列措施	14.8
	未考虑严重的故障（主要是三相短路），又未能采取有效措施	5.7
	未考虑低压电网故障对稳定的影响	0.6
合计		63.9

在实际运行中，一般用安全储备系数（如实际线路潮流和相应线路的极限传输能力之差的百分数）和干扰出现的概率来确定一个电力系统当前的安全水平。很显然，在正常情况下，一个具有足够安全储备系数的给定电力系统可以认为是安全的；但是在异常条件下，如发生暴风雪时，则需要较大的安全储备系数才能保证安全运行。这些异常条件，不仅增加了严重干扰的概率，而且增加了一系列连锁性干扰的概率，它们的积累效应往往是很严重的。

结合我国当前的具体条件，对电力系统安全运行的具体要求，大约可分为下列几种情况。

（1）对于某些电力系统结构，当发生某些预计的故障或某些特殊情况时（如在同级电压的双回或多回线和环网中，任一回线发生单相永久性接地故障，重合不成功），整个电力系统必须保持安全运行，而且不允许影响对用户的供电。这里所谓的不影响对用户的供电，是指在事故后的系统频率不低于某一规定值，电网各母线电压不低于保持电力系统安全运行的数值，不中断对用户的供电。

（2）对于某些电力系统结构，在发生另一些预计的或某些特殊的情况时（如单回线发生单相永久性故障，重合不成功），整个电力系统必须保持安全运行，但允许部分地影响对用户的供电。

（3）允许故障后局部系统做短时间的非同步运行，但是电网的结构和运行条件必须能保证满足某些条件。例如，非同步运行时通过发电机的振荡电流在允许范围内；母线电压波动的最低值不低于额定值的 75%，使不致甩负荷；只在电力系统的两个部分间失去同步，以及有适当的措施可以较快地恢复同步等。

当发生某些预计不到的事故（如继电保护或自动装置动作不正确、断路器拒动、多重故障或其他偶然因素等），系统不能保持安全运行时，必须使事故波及范围尽量缩小，防止系统崩溃，避免长时间大面积停电，并应使切除的负荷为最小。

电力系统因事故而解列为几个部分后，必须保持各部分继续安全运行，不使发生电压或频率崩溃。

在实际运行中，应以电力系统安全性为主要目标，同时进行电能质量和运行经济性的控制。具体的安全运行功能包括：安全监视、安全分析和安全控制。

安全监视是利用电力系统信息收集和传输系统所获得的系统和环境变量的实时测量数据和信号，使运行人员能正确而及时地识别电力系统的实时状态（正常、警戒、紧急、恢复和崩溃状态）。

安全分析是在安全监视的基础上对实时状态及预测的未来状态的安全水平做出分析和判断。在现代电力系统中，仅仅依靠人的经验和能力，要正确做出这种分析是很困难的，特别是对于捉摸不定的未来状态进行分析更是不易做到。应用计算机系统能在很短时间里对实时的状态和未来时间里可能出现的多种事故及其所造成的后果做出分析和计算，为确定安全运行所必要的校正、调节和控制提供必要的依据。先进的安全分析软件还可为运行人员提供实现有效的安全控制所必需的对策和操作步骤的功能，通过运行人员的最后判断做出决定，然后发出操作和控制的命令。另外，该软件也可以由控制系统直接发出控制信息，实现实时闭环控制。

安全控制是在电力系统的各种运行状态下，为保证电力系统安全运行所要进行的各种调节、校正和控制。广义的安全控制包括对电能质量和运行经济性的控制。现代电力系统的运行要求具备完善的安全控制功能和手段，正是这一点，使对实时数据的要求、信息处理方法、计算机系统和人机联系的设计等方面发生了根本的改变。

四、电力系统安全控制原则

电力系统的安全控制，简单地说，就是尽可能地使电力系统处于"正常状态"。计算机控制技术在电力系统安全控制中发挥着越来越重要的作用。它的作用主要包括三个方面：一是安全监视的功能；二是安全分析的功能；三是安全控制（或称"安全操作"）的功能。安全监视是对电力系统运行状态安全情况所进行的监视；安全分析是对电力系统的运行安全水平进行评价并确定系统免遭事故破坏的能力；安全控制是故障发生瞬间迅速做出判断和控制，使系统故障及早得到抑制和排除，以最大程度地提高系统的安全性。

第二节　电力系统运行状态的安全分析

　　电力系统事故的发生可能是突然的（如雷击），也可能是较缓慢的。为了使电力系统的运行置于自动装置的控制下，应尽可能地对系统运行状态的发展做出合理的预测。这种预测功能就是对电力系统中未来可能出现的事故进行计算分析，并得出处理事故的对策。一般的所谓事故预想就是以运行人员已有的经验和知识为基础的运行事故预测。但是，在巨大而复杂的电力系统中，要求运行人员在很短的时间里掌握由数百个（甚至更多的）变量所表示的电力系统运行状态，并做出正确而及时的分析和判断是很困难的，甚至是不可能的。高速大容量计算机在电力系统中的应用，使得在很短的时间里，对未来可能出现的事故及其所造成的后果做出及时的分析成为可能，为实时安全分析提供了必要的技术条件。

一、安全分析的功能及内容

　　安全分析的第一个功能是确定系统当前的运行状态在出现事故时是安全的，还是不安全的。预防性安全分析，就是在对一组假想事故分析的基础上确定系统的安全性。安全分析可分静态和动态两种。所谓静态安全分析是指只考虑事故后稳态运行状态的安全性，而不考虑从当前的运行状态向事故后稳态运行状态的动态转移。这包括发电机或线路断开后，对其他线路过负荷及母线电压的校验等。对于事故后动态过程的分析，则称为动态安全分析。

　　安全分析的第二个功能是确定使系统保持安全运行的校正、调节和控制措施。在正常情况下提出预防性控制措施，在事故情况下提出紧急控制的对策，在恢复阶段应提出恢复的步骤。

　　在大多数的电力系统中，假想事故是根据在很短时间内（几分钟）出现故障的概率及其对电力系统安全性的影响来确定的，一般至少包括下列一种或几种形式组合的事故或干扰：

　　（1）开断线路或变压器；

　　（2）开断发电机单元；

　　（3）特定形式的短路故障（单相接地、相间短路和三相短路），这类故障一般在动态安全分析中考虑。

　　因为事故的形式及其数量是根据系统结构、运行方式和外界条件等因素人为假设的，所以在假想事故的组合中包括的形式越多，数量越大，对电力系统安全性的要求就越严格。

　　一般对于每一种假想事故可进行三方面的安全分析：

　　（1）在发生大电源断开或重要联络线断开而使系统解列时，要计算电力系统因有功功率不平衡而引起的频率变化，确定电力系统的频率行为。

（2）在潮流计算的基础上，校验电力系统各元件是否过载，以及电力系统各母线电压是否在允许范围之内。这些不等式约束条件是根据用户要求、继电保护整定、绝缘水平、设备的额定值等规定的，也可根据离线稳定计算的极限条件做出规定。

（3）进行稳定计算，校核在假想事故后电力系统是否能保持稳定运行。

电力系统安全分析包括故障定义、故障筛选和故障分析三部分，而故障筛选又分为直流（DC）筛选和交流（AC）筛选。

（一）故障定义

故障定义是由软件根据电力系统结构和运行方式等定义的事故集合。事故集合中的事故，根据运行人员积累的经验和离线仿真分析的结果确定。所确定的事故应当是足以影响系统安全运行的事故，对于那些后果不严重或后果虽严重但发生的可能性极小的事故，不应包括在事故集合中。电力系统的运行方式是多变的，当电力系统的运行方式发生变化后，引起系统不安全的事故形式也会发生变化，与事故集合中预先确定的事故形式有所不同。因此，安全分析软件中故障定义的事故集合元素也应是动态的，而不是一次确定下来就固定不变的。这就需要寻求一种以实时运行条件为基础的在线选择故障形式的方法，根据系统的实时运行方式选取事故集合中的事故。完全自动地选择故障形式的软件尚未问世。目前，故障形式的选择仍是由调度人员和调度计算机软件共同实现，事故集合中的事故可以由调度人员根据需要修改和增删。

（二）故障筛选

故障筛选是对故障定义中定义的事故按事故发生概率及对电力系统危害的严重程度进行排序，形成事故顺序表。传统的做法是故障严重程度由调度人员确定。这种做法的缺点是调度人员认为严重的故障，实际上往往并不严重。因此需要一个较好的故障选择标准，由计算机自动地形成故障严重程度的顺序表。有两个途径进行故障选择：其一，应用快速近似方法对所有单个电力设备故障和复故障进行模拟计算，将导致不安全的故障留下来再进行详细分析计算；其二，首先选定一个系统故障的"严重程度指标"（由于篇幅所限，具体计算方法从略）作为衡量事故严重程度的尺度。只有假定的严重程度指标超过了预先设定的门槛值时，才被保留下来，否则就舍弃。计算出来的严重程度指标的数值同时作为排序的依据，这样就可得出一张以最严重事故开头的为数不多的事故顺序表。

故障筛选的意义在于可以只选择少数对系统安全运行影响较大的事故进行详细分析和计算，因而可以大大节约计算时间，加快安全分析进程，提高安全分析的实时性。

（三）故障分析

故障分析是将事故顺序表中的事故对电力系统安全运行构成的威胁逐一进行仿真计算分析。除了假定开断的元件外，仿真计算时依据的电网模型与当前运行系统完全相同。各节点的注入功率采用经过状态估计处理的当前值或由负荷预测程序提供的 15~30min 后的值。每次计算的结果用预先确定的安全约束条件进行校核。如某一事故使得约束条件不能满足，则向调度人员发出警告并在 CRT 上显示分析结果，也可提供一些校正措施。例如，重新分配各发电机组的出力，对负荷进行适当控制等，供调度人员选择实施，消除这种不安全隐患。

二、电力系统静态安全分析

电力系统静态安全分析是"故障分析"的一种具体形式，它的主要功能包括以下几个方面。

1. 计算电力系统中由于有功不平衡而引起的频率变化

电力系统发生故障使大电源断开或使重要联络线断开而造成系统解列时，会出现有功不平衡，进而引起系统频率变化。电力系统频率变化时，一方面会通过发电机组的调速系统自动调节机组的有功出力；另一方面由于电力系统负荷的频率调节效应会自动改变负荷的有功功率。这样，通过电力系统中发电和用电两方面自动调节的结果会使电力系统在新的频率下稳定运行（如果故障后系统能够稳定运行的话）。计算机要对事故严重程度顺序表中所列事故逐一计算。

2. 校核在断开线路或发电机时电力系统元件是否过负荷、母线电压是否越限

本项校核要对事故顺序表中所列事故逐一进行。每次校核都相当于一次潮流计算。安全分析计算要求速度快是第一位的，而计算精度不要求像正常潮流计算那么高。目前在线静态安全分析方法主要有直流潮流法（简称为"直流法"）、P-Q 分解法和等值网络法三种。

三、电力系统动态安全分析

动态安全分析是分析电力系统出现预想故障时是否会失去稳定。目前解决上述问题一般采用数值积分法离线计算，逐时段地求解描述电力系统运动状态的微分方程式组，从而得到动态过程中各状态变量随时间变化的规律，并用此来判别电力系统的稳定性。利用这种方法的缺点是，计算工作量大，同时仅能给出电力系统的动态过程，而不能给出明确判别电力系统稳定性的依据。显然，这种方法不能适应实际运行中根据实时数据快速判别电力系统稳定性的要求。尤其是在预防性安全分析中，为了判别一组假想事故下的电力系统稳定性，更要求有一种快速的稳定性判别方法。

近年来，随着电力系统自动化的发展，特别是安全控制的要求，人们正在努力寻求快速的适应实时要求的稳定性估计方法。到目前为止，已取得一定研究成果的有李雅普诺夫法和模式识别法等，但还没有实际应用的例子。正因为这个原因，就目前的技术发展水平而言，安全分析还仅限于静态的安全分析。下面仅对这些方法做一简单的介绍。

（一）李雅普诺夫方法

用李雅普诺夫第二方法判断线性控制系统的稳定性在《自动控制理论》课程中已经介

绍过。李雅普诺夫稳定性理论所要研究的对象是在状态空间内围绕原点（平衡点）的某一域中系统运动的稳定性。

应用李雅普诺夫方法的电力系统稳定性估计，就是针对描述电力系统动态过程的微分方程组的稳定平衡点，建立某一种形式的李雅普诺夫函数（V 函数），并以系统运动过程中一个不稳定平衡点的 V 函数值（一般有多个不稳定平衡点，应取相应于 V 函数值为最小的那个不稳定平衡点）作为衡量该稳定平衡点附近稳定域大小的指标。这样，在进行电力系统动态过程计算时，就不须求出整个动态过程随时间变化的规律，而仅计算出系统最后一次操作时的状态变量，并相应地计算出该时刻的 V 函数值。将这一函数值与最邻近的不稳定平衡点的 V 函数值进行比较，如果前者小于后者，则系统是稳定的，反之则系统是不稳定的。这个方法避免了大量的数值积分计算，所以计算过程是快速的，是一种有前途的运用于实时控制的方法。但是，目前对建立复杂电力系统的李雅普诺夫函数还没有一个通用的方法，确切计算最邻近的不稳定平衡点还比较困难，计算结果偏保守等问题还有待进一步解决，所以这个方法还未在电力系统中得到实际应用。

（二）模式识别法

这个方法是在对电力系统各种运行方式下假想事故的离线模拟计算的基础上，选用少数几个表征电力系统运行特性的状态变量来快速判别电力系统的。

在进行每一假想事故的离线动态计算时，都可以得到两个答案之一，即电力系统是稳定的（安全的），或是不稳定的（不安全的）。如果我们所进行的离线计算能包括所有各种可能的运行方式和假想事故，那么我们就可以从大量的离线计算结果中，将表征电力系统运行特征的状态空间划分为稳定域和不稳定域。这样，我们就可以根据实时得到的状态变量值，很快地在状态空间判别当前运行方式是稳定的，还是不稳定的。

模式识别的具体工作大致可以分为以下几个步骤：

（1）确立样本选择若干典型的电力系统运行方式，通过离线稳定计算确定哪些运行方式是稳定的，哪些是不稳定的，由此构成样本集。

（2）求取特征量是为了减少在线动态安全分析时的计算量，模式识别时，并不需要用表征电力系统运行状态的所有的状态变量来表征电力系统的运行状态，而是选择其中一部分最能表征当前运行状态特征的变量，即特征量来表征电力系统当前的运行状态。特征量一般为母线电压，也可以是其他量，如线路功率等。

（3）确定判别式。所谓判别式就是描述由特征量构成的状态空间中稳定域和不稳定域分界面的数学表达式。根据确定的样本集，在上述特征量空间确定代表分界面的判别式。判别式的精度与所选特征量空间和样本集有关。为了减少离线计算的工作量，希望样本数取得少，但是，样本数选择不适当将会使确定的判别式精确度受到影响。同样地，不正确地选择特征量空间，或者特征量太少也会难以确定精确的判别式。

（4）样本集测试样就是测试选定的稳定判别式是否正确。样本集不可能包括电力系统的所有运行方式和事故，因此在确定判别式后，应另外选择若干电力系统运行方式和事故形式组成试验样本集，以考验判别式的识别能力。显然用样本集中选定的样本来测试判别式是不会有问题的。因此，所谓样本集测试是选那些不包括在样本集中的运行状态来测试判别式是否正确。

上述模式识别方法是一个快速判别电力系统安全性的方法，因为只要将特征量代入简单的判别式就可以得出结果。要使这一方法得到实用，关键在于判别式的可靠性，一个误差率很大的判别式是没有实用价值的。所以，必须结合每一具体的电力系统，正确选择特征量和样本集，在离线计算的基础上，确定一个良好的判别式，并通过大量试验样本的考核和实际运行来不断修正。

理论上，模式识别法是无可挑剔的。然而在实际运用时，由于电力系统结构越来越复杂，运行方式多变，使获得一个可靠的判别式非常困难。这是影响模式识别法进入实用的关键。

第三节　电力系统的安全控制

一、电力系统正常运行状态的安全控制

电力系统正常运行时的控制分为常规调度控制和安全控制。常规调度控制是电力系统处于正常状态时的控制，控制的目的是在保证电力系统优质、安全运行的条件下尽量使电力系统运行得更经济。安全控制是电力系统处于警戒状态时的控制。

为了保证电力系统正常运行的安全性，应根据电力系统的实际结构出力及负荷分布，在离线计算的基础上确定若干安全界限。在正常运行情况下，应保证相应的运行参数满足这些界限的要求。例如，系统的最小旋转备用出力；系统的最小冷备用出力，即在短时间内能动用的发电出力；母线电压和线路两侧电压相位角差的安全界限值；按静态和暂态稳定要求确定的通过线路、变压器等元件的功率潮流的安全界限值等。在确定这些安全界限值时，均考虑了一定的安全储备。当发现不满足这些事先确定的安全界限时，说明系统进入警戒状态，应立即向运行人员发出报警信号。

在电力系统中，事故往往是突然出现的，或者是由于电力系统安全水平逐渐降低而诱发的。所以，即使在正常运行时也要时刻准备着下一时刻可能出现的事故。电力系统正常状态安全控制的有效性，在很大程度上取决于这种预防性的安全分析和控制。为了避免可能出现的不安全情况，从"防患于未然"的观点出发，应及时采取相应的控制措施（如进行电力系统结构和潮流的调整、改变发电机出力和切换负荷等），以保证即使出现假想的事故，电力系统仍然是安全的，或者尽量减轻对电力系统安全性的威胁。

电力系统进入警戒状态后，系统虽然处于正常状态，但它的安全水平已经下降到不能承受干扰的程度，在受到干扰时可能会出现不正常状态。在进行安全控制时电力系统并没有受到干扰，而是事先采取的一种预防性控制，防止出现事故时电力系统由警戒状态转移

到紧急状态。安全控制的首要任务是调度人员要认真监视不断变化着的电力系统运行状态，如发电机出力、母线电压、系统频率、线路潮流和系统间交换功率等等。根据经验和预先编制的运行方案及早发现电力系统是否由正常状态进入了警戒状态。一旦发现电力系统进入了警戒状态就应当及时采取调度措施，防止系统滑向紧急状态，并尽量使系统回到正常状态运行。另一方面，调度计算机在线安全分析也会发现系统是否进入警戒状态，一旦发现电力系统进入了警戒状态，就会将结果在 CRT 显示。如果需要进行预防性控制，即安全控制，调度计算机还会在屏幕提出进行预防控制的步骤，供调度人员决策时参考。预防性安全控制是针对下一时刻可能出现的事故后的不安全状态而提出的控制措施，这种事故有可能出现，也可能不出现。为了预防这种可能出现但不一定会出现的不安全状态，需要改变正常运行方式和接线方式，影响正常运行的经济性（如要改变机组启停方式、改变水火发电厂间的功率分配等），因此要由运行人员来做出判断，决定是否需要进行这种控制。

从上述说明可知，这种安全控制与常规的调度控制最大的差别就在于它的"预防性"，即在进行控制时电力系统尚未经受干扰，但在一定程度上预测到未来可能威胁电力系统安全性的条件，以便事先采取合适的预防性措施，避免出现电力系统由正常状态向警戒或紧急状态的转移。这样，运行人员将处于主动控制电力系统的地位，而不是要等事故发生之后，才采取相应的措施，因为那样往往要延缓事故处理的时间，有可能扩大事故，造成不必要的损失。

对运行方式进行安全校核、提出安全运行方案供调度人员参考是安全控制的重要功能之一。运行方式是根据预计的负荷曲线编制的。运行方式安全校核是用计算机根据负荷、气象、检修等条件的变化，并假设一系列事故对未来某一时刻的运行方式进行校核。其内容有过负荷校核、电压异常校核、短路容量校核、稳定裕度校核、频率异常校核和继电保护整定值校核等。如果计算结果不能满足安全条件则要修改计划中的某种运行方式，重新进行校核计算，直到满足安全条件为止。安全校核选择的时刻应包括晚间高峰负荷时刻、上午高峰负荷时刻和夜间最小负荷时刻等典型时间段。通过安全校核还要给出系统运行的若干安全界限，如系统最小旋转备用出力、最小冷备用容量（在短时间内能够发挥作用的发电机出力）、母线电压极限值、电力线路两端电压相角差的安全界限、通过线路和变压器等元件的功率界限等。

二、电力系统紧急状态的安全控制

电力系统紧急状态是电力系统受到大干扰后出现的异常运行状态。这时，系统频率和电压会较大幅度地偏离额定值甚至超出允许范围，直接影响对负荷正常供电；同时还会出现某些电力设备（如线路或变压器等）的负荷超过允许极限。这时已不能满足正常运行的等式和不等式约束条件。在这种情况下，安全控制的目的是，迅速抑制事故及电力系统异常状态的发展和扩大，尽量缩小故障延续时间及其对电力系统其他非故障部分的影响，使电力系统能维持和恢复到一个合理的运行水平。紧急状态的安全控制一般分为两个阶段，即选择性切除故障阶段和防止事故扩大阶段。在第一阶段，目前均依靠多种继电保护和自动装置，有选择地快速切除部分发生故障的电力系统元件（如发电机、线路、负荷等）。为了尽可能减少故障对电力系统正常部分的影响（如过电流、过电压等），避免个别发电机的失步，应尽量加快继电保护及相应开关设备的动作时间，目前最快可在一个周波内（20ms）切除故障。

在第二阶段，故障切除后，如不能立即恢复到警戒状态，而系统仍处于紧急状态时，除了允许对部分用户停止供电外，应避免发生连锁性的故障，导致事故的扩大或电力系统的瓦解。同时，也应尽可能地减小停电的范围，使用户的损失达到最小。

在进入紧急状态后，一般较多关心的是维持电力系统的稳定性，即避免局部发电机的失步。但是，实际的运行经验告诉我们，在某些情况下，局部发电机的失步不一定是导致大面积停电的主要原因。局部发电机失步后，借保护装置迅速切除失步的发电机就有可能使系统恢复到警戒状态。如果系统具有足够容量的话，即使失去一台主力发电机，也不会导致严重的后果。然而，在安全水平较低的电力系统中，即使是一个并不十分严重的初始事故，也会引起连锁反应，不断扩大事故，致使系统崩溃。

所以，紧急状态的控制应从避免全系统扩大事故的要求出发来考虑，而不是仅从单个发电机组的稳定性来考虑。在事故未切除或切除以后，事故扩大的原因是多种多样的，如下面几种情况。

（1）由于电力系统的有功功率备用不足，在切除部分发电机或联络线后，在电力系统的有功出力和负荷间发生很大不平衡时，会引起电力系统频率的很大变化，以致一些对频率要求较高的发电厂辅助设备（如水泵、鼓风机等）不能正常运转，从而导致整个发电厂与电力系统的解列，使电力系统的有功功率平衡进一步恶化，频率进一步下降。如此恶性循环，将使全系统崩溃。

（2）在电力系统无功功率备用不足的情况下，当切除发电机（或线路）或突然增加负荷无功功率的时，使系统无功功率出现不平衡，电压迅速下降，引起电压崩溃。

（3）在平行线路（或变压器）或环网运行情况下，当一回线路发生故障而断开后，被断开线路的负荷将转移到相邻线路上去，使相邻线路的负荷突然增大。如果负荷超过该相邻线路的输送容量，将使过负荷的线路自动断开，剩下的健全线路的负荷进一步增加，有可能再断开另一条线路。一系列相继断开线路的结果，有可能扩大事故，使电力系统瓦解。

（4）事故后，当电力系统的某一部分失去稳定而处于失步状态时，由于未能及时将失去稳定的部分系统解列或采取有效的措施使之迅速恢复正常工作，剧烈的功率和电压波动有可能在电力系统的相邻部分引起新的失步现象。

（5）在因雷击等而发生过电压的情况下，有可能在电力系统中若干个绝缘薄弱点同时发生闪络事故，这种同时发生的多重故障会造成大面积停电。

（6）继电保护装置的拒动作和误动，往往使应该及时断开的系统元件不能断开或延长断开时间，导致后备保护的动作；或者不该断开的系统元件由于误动切除，扩大停电范围。

在这种情况下，如果能够及时而正确地采取一系列紧急控制措施，就有可能使系统恢复到警戒状态乃至正常状态；如果采取的措施不及时或虽及时而不得力，就会使系统的运行状态进一步恶化，严重时可能使系统失去稳定而不得不解列成几个较小的系统，甚至造成大面积停电。

电力系统紧急状态控制的目的是迅速抑制事故及异常的发展和扩大，尽量缩短故障延续时间、减少事故对电力系统非故障部分的影响，使电力系统尽量维持在一个较好的运行水平。紧急控制一般分为两个阶段。第一阶段，事故发生后快速而有选择地切除故障，使电力系统处于无故障运行状态。这主要靠继电保护和自动装置完成。目前最快的继电保护可以在 1 个周波（约 20ms）内切除故障。第二阶段是故障切除后的紧急控制阶段。控制目标是防止事故扩大和保持系统稳定，使系统恢复到警戒状态或正常状态。这时需要采取各种提高系统稳定的措施，在必要时允许切除一部分负荷，停止向部分用户供电。在上述努力均无效的情况下，系统将解列成几个小系统，并努力使每个小系统正常运行。

电力系统的紧急状态控制是全局控制问题，不仅需要系统调度人员正确调度指挥以及电厂、变电站运行人员认真监视和操作，而且需要自动装置的正确动作来配合。下面分几个方面较详细地介绍。

（一）电力系统频率的紧急控制

当系统内突然大面积切除负荷、大机组突然退出运行或者大量负荷突然投入时，由于电源和负荷间有功功率的严重不平衡会引起电力系统频率突然大幅度急剧上升或下降，威胁到电力系统的安全运行，如汽轮机叶片的强烈振动、发电机辅机的不正常工作等。如果不立即采取措施，使频率迅速恢复，将会使整个发电厂解列，产生频率崩溃，导致全系统的瓦解。这时，系统调度人员必须密切监视系统频率变化，并及时进行调度指挥。一般来说，系统频率过高时，及时切除部分电源就可使系统频率下降，而制止系统频率急剧下降则要困难和复杂得多。这是因为频率过低会对电力系统造成灾难性的后果，必须迅速制止频率下降；同时，又要在不使系统频率崩溃的前提下尽量保住更多的用户用电，而不能把切除负荷作为抑制频率下降的主要手段。在频率大幅度下降时，应当采取的紧急控制措施有以下几项：

（1）立即增加具有旋转备用容量的发电机组的有功出力。在电力系统正常运行时，除了调速器反映频率的变化，自动进行相应的出力调节外，一般安排一定数量的旋转备用（热备用）。所以当频率下降时，应立即增加具有旋转备用的机组出力，使频率得以恢复。

（2）立即将调相运行的水轮发电机组改为发电运行。

（3）立即将抽水蓄能水电站中正在抽水运行的机组改为发电运行。在有抽水蓄能发电厂的电力系统中，可迅速改变这些发电厂的工作方式，使由抽水改为发电运行。

（4）迅速启动备用机组。在有调节水库的水电厂中，除洪水季节及每天高峰负荷时刻外，备用机组较多，而且启动迅速。我国水电厂装设的低频率自动启动装置，能在 40s 内起动并用自同步法将发电机与系统并列，并带满负荷。同样地，电力系统中其他能迅速启动的发电机，如燃气轮机组也应立即启动，一般能在几分钟内投入电力系统。

（5）由自动低频减负荷装置自动切除一部分负荷。

（6）使一台（或几台）发电机与系统解列。为了避免系统频率大幅度下降影响发电厂辅助机械的正常工作，可在系统频率下降到很低以前，使一台（或几台）发电机与系统解列，用来保证对全发电厂辅助机械及部分地区负荷的供电，避免由于频率下降而使整个发电厂与系统解列，这将大大改善恢复系统正常状态的能力。

（7）短时间内降低电压运行。

据报道，短时降低电压的方法只在国外一些电力系统中采用。它是在短时间里降低系统电压 5%~8%，利用负荷的"电压效应"自动地减少负荷功率，以缓和有功功率供求不平衡的矛盾，抑制系统频率下降。这样可以为其他措施发挥作用赢得宝贵时间。

汽轮机在升温、升速时要考虑机械热应力，启动时间要很长（一般在 1 小时以上）。而水轮机的辅助设备比较简单，机组控制的自动化水平较高，一般都设有低周（波）自启动装置。对于处在低周自启动备用状态的水轮发电机组在系统频率下降到低频启动整定值（49.5~49.0Hz）时，低周自启动装置会自动启动机组，并以自同期方式并入电力系统，整个过程可以在 1 分钟左右时间内完成。

在电力系统中一般装设有按频率变化自动切除负荷的低频减载装置，它能根据频率降低的程度分几级切除负荷。例如，当频率由 49Hz 变到 48Hz 时，将负荷按每级 0.2Hz 的频率，分五级顺序切除负荷，使电力系统的频率能迅速地恢复到正常水平。增加切除负荷的级数，可改善出力和负荷间的平衡。理想的切除负荷方案是使切除的负荷值尽量接近系统的功率缺额。

低频减载装置所切除的总负荷，应根据各种运行方式和各种可能发生的事故情况，最大可能出现的功率缺额（如电力系统中最大发电厂的断开、远距离输电线路的断开等）来确定。在大型电力系统中，接到低频减载装置上的总负荷大约为全系统负荷的 30%；在中、小型电力系统中为 40%。被切除的负荷一般应为次要负荷。只有在次要负荷全部被切除后，还不能满足恢复频率的要求时，才允许切除部分较重要的负荷。在设定切除负荷的数量及其在各负荷点的配置时，还应考虑到负荷切除后对有关设备和元件的影响，如设备和线路有无过载、枢纽点电压是否太高或太低等。

（二）电力系统电压的紧急控制

在电力系统运行中，当无功电源（发电机、调相机或静电电容器）突然被切除，或者在无功电源不足的电力系统中，无功负荷缓慢且持续增长到一定程度时，会导致系统电压大幅度下降，甚至出现电压崩溃现象。这时，系统中大量电动机停止转动，大量发电机甩掉负荷，其结果往往使部分输电线路、变压器或发电机因严重过载（过电流）而断开，最后导致电力系统的解列，甚至使电力系统的一部分或全部瓦解。

从电压下降开始到发生电压崩溃，常需要一段时间（几十秒到几分钟），所以一般来得及采取有效的提高电压措施，以防止电压崩溃。控制措施包括：

（1）立即调大发电机励磁电流，增加发电机无功出力，甚至可以在短时间内让发电机过电流运行，在紧急时，允许发电机的定子和转子短时间过载，如 15% 的电流过载。

（2）立即增加调相机的励磁电流，增加调相机的无功出力。

（3）立即投入各级电压母线上的并联电容器、调节静止补偿器的补偿出力或投切接在超高压线路上的并联电抗器来调节电力系统的无功出力，改善系统电压。

（4）迅速调节有载调压变压器的分接头，来维持电压。

（5）启动备用机组。

（6）将电压最低点的负荷切除。在采用上述办法后，仍不能使电压恢复时，可根据设定的电压值及相应的时延切除电压最低点的部分或全部负荷。

电压紧急控制是一个动态过程。一方面采取防止电压下降的措施，另一方面电压仍在不停地变化。如果所采取的措施不能制止电压继续下降，则可以考虑将电压最低点的负荷切除。这也是一种不得已的办法。

系统电压也有因事故升高的情况。例如，一个水、火电联合的电力系统，水电占的比重较大且离负荷中心较远，为了减少远距离输送无功造成的线路有功损耗，负荷所需的无功在负荷中心就地补偿。对于这种系统，当远距离输送水电厂有功功率的输电线路因故障跳开时，负荷中心不仅会出现有功功率不足造成频率下降，而且会同时出现无功过剩造成电压升高。系统电压过高时采取的控制措施与电压过低时相反。一般来说，系统电压过高比较好消除。但是，如果电力系统电源结构不合理，使过高的电压降下来也不是一件容易的事。

（三）线路或变压器断开和过负荷

在电力系统发生故障后，一般由继电保护及自动装置动作（必要时也可人工干预），将发生故障的线路（或变压器）断开，使故障部分与电力系统其他完好的部分隔离。但是，故障线路（或变压器）的断开往往会引起一系列影响系统安全性的后果。在单端供电情况下，将使用户停电；在有平行回线的情况下，将使其他回路过载或进一步威胁系统的安全；当故障线路为电力系统两部分的联络线时，将使电力系统解列。所以，当出现上述情况时，一方面要尽快使故障后被切除的线路恢复；另一方面当确认故障不能马上消除时，要采取相应的措施，避免由于故障线路的切除而导致电力系统运行状态的进一步恶化，或者连锁出现新的故障。

由于一般架空线路的故障多是瞬时性的，在线路断开，经过短时间的无电压间隔后，能自动消除故障。所以，在我国的电力系统中普遍采用自动重合闸装置，即在线路两侧因故障断开后，经过一定时间的间隔，使之自动重新合上，恢复运行。这样就可以大大提高输电容量（提高暂态稳定极限），减轻其他非故障设备的过载条件，加速线路的恢复，从而改善系统运行的安全性。重合闸的时间取决于电力系统稳定性的要求、故障点的去游离时间、故障形式单相或三相、断路器的性能、自然条件（如风速）等多方面的因素。无电压时间一般为 0.3 秒左右，最长为 2 秒。但是，由于某些故障的特殊性，如重复雷击、熄弧时间较长的故障等，或者由于断路器及重合闸装置的缺陷，有可能使重合闸不成功，从而使断开的线路不能及时恢复正常工作。为了保证可靠的熄弧，也可采用快速和慢速重合的混合方案，即在快速单相重合闸不成功后，慢速的三相自动重合闸（可长达 3 秒）经同期检定后进行重合。估计这种重合方式的成功率比常规的要高，因为在慢速三相重合过程中有足够的无电压间隔时间来消除故障和熄弧。

变压器和电缆线路内部的故障所引起的断开现象，一般不能用重合闸来消除，应该在排除故障后才能恢复工作。只有确认完全是由外部故障引起的断开（如后备保护动作），才能将变压器或电缆线路重合，使其恢复工作。

在电力系统中，断开某些线路或变压器后，往往由于功率潮流的重新分配，使通过系统中另一些线路或变压器的功率或电流超过允许值，如不及时处理这些过载现象，往往会使设备损坏或进一步发生连锁性的事故。有时在受端系统减少出力时也会使输电线出现过载现象。在这些情况下，一般应适当改变运行方式，如局部改变发电机组间的出力分配，控制潮流或限制局部负荷等。

（四）稳定控制

所谓电力系统的稳定问题（不论是静态稳定、暂态稳定还是动态稳定）都是指电力系统受到某种干扰后，能否重新回到原来的稳定运行状态或者安全地过渡到一个新的稳定运行状态的问题。

电力系统稳定控制的核心是控制电力系统内同步发电机转子的运动状态，使其保持同步运行。电力系统发生故障后往往会出现振荡现象。系统中电压振荡得最强烈的地方称为振荡中心。电力系统一旦发生振荡就必须通过调度指挥和安全自动装置尽快平息。如果事故延续时间较长（接续发生事故）或者事故处理不及时，就会使振荡加剧。振荡加剧的严重后果是使得系统中一台或几台发电机失步，这时系统就会失去稳定。电力系统振荡和稳定破坏是危害十分严重的事故，它将严重影响正常供电、损坏电气设备和机械设备，甚至导致系统崩溃。电力系统紧急状态下常用的稳定控制措施有以下几种。

（1）切除部分机组现代电力系统中，有些大容量的坑口（煤矿附近）电厂和水电厂通过长距离输电线路将有功功率送往负荷中心。一般常称这些电厂为送端，称负荷中心为受端。在发生故障而跳开输电线路时，送端机组发出的有功功率会突然减少。由于机组的机械惯性和调速系统具有时间常数，使原动机输入功率的减少没有发电机发出的有功功率减少得那么快，于是就出现了过剩功率使机组加速。如不及时采取措施就有可能使送端机组失去稳定。经验表明，自动而快速地切除送端的一部分机组，使剩下的机组的原动机输入功率和发电机输出的有功功率尽可能地保持平衡，是抑制发电机转子加速、防止机组失去稳定的一种有效措施。

（2）电气制动。电气制动是电力系统故障切除后，人为迅速地在发电机母线（或升压变压器高压侧母线）投入一并联电阻，吸收发电机的过剩功率，从而减少发电机输入和输出功率间的不平衡，制止机组失去稳定。

（3）快速关闭汽门。在输电线路发生故障并使火电厂发电机输出的有功功率突然减少时，快速关闭汽轮机进汽阀门，以减少汽轮机的输入功率，在发电机第一摇摆周期摆到最大功能时，再慢慢地将汽门打开。快速关闭汽门的目的是为了减少机组输入和输出之间的不平衡功率，减少机组摇摆，提高汽轮发电机组的暂态稳定性。一般关闭中压缸前的截止阀门。这是因为中压缸截止阀门前面是过热器，有一定容积起调节作用，不致影响锅炉运行，也不致使安全阀动作。

从理论上讲，快速关闭汽门对提高机组的暂态稳定性是一种有效措施，因而也是提高电力系统暂态稳定性的有效措施。但是由于由汽轮机和锅炉组成的热力系统结构和运行都很复杂，快速关闭汽门可能会影响锅炉的稳定燃烧，或出现其他问题。因此，电厂对应用此项措施往往持慎重态度，致使快速关闭汽门的运行经验不足。

对于水轮发电机组，由于机组的转动惯量与同容量的汽轮发电机相比大得多，快速关闭导水叶效果不会明显。同时由于水电厂引水系统的水锤效应也不允许导叶开得太快，所以水轮发电机组不采用关导水叶的方法防止机组失步，而采用快速切机和电气制动等方法。

（4）自动重合闸电力系统的运行经验表明，架空输电线路故障大多数是瞬时性的。例如，线路遭雷击引起绝缘子表面闪络、大风吹动导线摇摆与线路附近摇动的大树造成的对地放电、鸟群飞行造成的相间短路等。这种故障的特点是故障时间短暂。为了防止继电保护装置将瞬时性故障线路永久切除，在继电保护装置动作跳开故障线路的断路器、延迟故障点电气绝缘恢复时间之后，再将断开的断路器重新闭合一次，这就是自动重合闸。如果线路果真是瞬时性故障，重合闸后就可以恢复到故障前的运行状态。重合闸的成功率一般比较高，所以它对提高电力系统的暂态稳定很有好处，是目前应用得比较多的一项提高电力系统暂态稳定的措施。

（5）采用快速励磁系统在电力系统中的发电机上都装有自动励磁调节装置。故障情况下，随着电压的突然变化，将有一很大的信号进入励磁系统，高顶值的强行励磁装置将会动作，使励磁系统的输出电压在暂态过程中维持顶值。所以，快速励磁系统能维持暂态过程中发电机的电压，使输电线路保持较大的暂态稳定极限。高的发电机母线电压可使发电机邻近地区的负荷维持正常工作，而不致发生电压崩溃。在励磁系统的输出信号低于顶值时，由于引入平息系统振荡的信号（如由电力系统稳定器引入），可使在故障干扰后出现的系统振荡很快衰减。

快速励磁系统可以有效地提高电力系统静态稳定的功率极限，强行励磁可以改善电力系统的暂态稳定性，电力系统稳定器（PSS）在某些情况下可以有效地抑制电力系统的低频振荡。

（6）汽轮机的旁路阀门控制在欧洲的一些发电厂中设置高压及低压蒸汽的分路系统，使在暂态条件下汽轮机—发电机组和蒸汽系统能相互独立运行。这时，汽轮机—发电机组能卸去全部负荷，而再热器仍在满负荷运行。因为锅炉仍在全负荷运行，所以最多在故障后15min就可使汽轮机—发电机组立即带上负荷。

（7）串联电容器的切换在远距离高压输电线路上，用串联电容器来补偿线路电抗，使输送容量增加。在故障情况下，可短时间接入串联电容器（或短时间切除部分并接的串联电容器）。使串联容抗增大，用以提高暂态稳定性。待故障消除，系统恢复正常工作后，再将暂时接入的串联电容器退出（或将暂时退出的部分并接串联电容器重新投入）。

（8）调节直流输电的功率有直流输电线路存在的交、直流混合电力系统，在交流系统中发生故障时，可利用对交流桥间的迅速调节，改变通过直流线路的功率，来调节交流系统的功率不平衡。在交、直流线路并联运行的情况下，这个措施的特点是改变潮流分布，而不涉及发电机出力和负荷的变化。在用直流线路联系两个交流系统的情况下，增大直流线路的功率相当于增加送端交流系统的负荷和受端交流系统的出力。

（9）切除部分负荷在计算机离线计算和运行经验的基础上发现，在某些特定运行方式下发生某些形式的故障时，在继电保护跳开某条线路的同时切除一部分负荷对电力系统稳定有很明显的好处。于是可以在跳开故障线路的同时，由跳开线路的断路器的辅助接点发出联切负荷的启动信号，并由远动系统传到有关变电站。一般在短路故障切除 0.5s 内切负荷，然后在大约 15min 内分级将负荷重新投入。这种快速切负荷和低频减载装置切负荷的概念不同，切负荷时系统频率并没有降低，切负荷的目的在于防止系统失步。

（10）再同步控制。以上介绍了各种电力系统稳定控制措施。实际上由于电力系统非常复杂，以上诸项措施并不能保证系统一定不失去稳定。电力系统稳定破坏的主要特征是系统内并联运行的同步发电机组失去同步，电力系统出现振荡。由于振荡对电力系统和用户都有较大的影响，所以在系统出现振荡时应当尽快采取措施使失去同步运行的机组重新恢复到同步运行，即再同步控制。

再同步控制是指自动控制未能阻止系统振荡时，调度人员实施的调度控制。调度控制的原则是设法缩小电力系统中各发电机间的频率差；对于电力系统频率升高的部分减少原动机输入功率或切除部分机组，使这部分频率降低；对于电力系统频率降低的部分则应动员备用出力或切除部分负荷，使频率回升。

（11）解列系统失步后，经过努力在规定时间不能再同步时，应将系统解列，以避免故障在全系统进一步扩大。待到事故消除后再将分开的系统逐步并列起来，恢复正常运行。

解列点的选择很重要。选择解列点首先要考虑使解列后电力系统各部分的功率基本平衡，以防止解列后的电力系统再发生振荡或过负荷；其次要适当考虑操作的方便性，如解列的电力系统再并列比较方便、通信可靠性高、远动设备水平高等。

三、电力系统恢复状态的安全控制

通过紧急状态的安全控制，事故已被抑制，系统已稳定下来，这时电力系统处于恢复状态。但是，系统中的很多元件（发电机、线路和负荷）被断开。在严重情况下，系统被分解为若干个独立的小系统。这时，要借助一系列的操作，使系统在最短的时间内恢复到正常状态（或警戒状态），减少对社会各方面的不良影响。电力系统恢复状态控制就是将已崩溃的系统重新恢复到正常状态或警戒状态。

恢复状态控制首先要使已分开运行的各小系统的频率和电压恢复正常，消除各元件的过负荷状态。然后再将已解列的系统重新并列，重新投入被解列的发电机组并增加机组出力，重新投入被切断的输变电设备，重新恢复对用户的供电。目前上述控制大多是由人工操作完成的，国外已有部分自动恢复操作达到了实用水平，并正在进一步研究电力系统的综合自动恢复控制。随着我国电力系统调度自动化技术的普及和提高，恢复操作的自动化肯定也会得到应用和发展。

电力系统是一个十分复杂的系统，每次重大事故之后的崩溃状态不同，因此恢复状态的控制操作必须根据事故造成的具体后果进行。一般来说，恢复状态控制应包括以下几个方面。

（1）确定系统的实时状态通过远动和通信系统以及调度自动化系统了解系统解列后的状态，了解各个已解列成小系统的频率和各母线电压，了解设备完好情况和投入或断开状态、负荷切除情况等，确定系统的实时状态。这是系统恢复控制的依据。

（2）维持现有系统的正常运行电力系统崩溃以后，要加强监控，尽量维持仍旧运转的发电机组及输、变电设备的正常运行，调整有功出力、无功出力和负荷功率，使系统频率和电压恢复正常，消除各元件的过负荷状态，维持现有系统正常运行，尽可能保证向未被断开的用户供电。

（3）恢复因事故被断开的设备的运行首先要恢复对发电厂辅助机械和调节设备的供电，恢复变电站的辅助电源。然后启动发电机组并将其并入电力系统，增加其出力；投入主干线路和有关变电设备；根据被断开负荷的重要程度和系统的实际可能，逐个恢复对用户供电。

（4）重新并列被解列的系统在被解列的小系统恢复正常（频率和电压已达到正常值，已消除各元件的过负荷）后，将它们逐个重新并列，使系统恢复正常运行，逐步恢复对全系统供电。

在恢复过程中，应尽量避免出力和负荷间的动态不平衡和线路过负荷现象的发生，充分利用自动监视功能，监视恢复过程中各重要母线电压、线路潮流、系统频率等运行参数，以确认每一恢复步骤的正确性。

目前，这些操作极大部分是人工进行的，只有少数是利用自动装置重合被断开的线路，并进行局部系统间的同步检定。负荷的恢复一般为手动操作，有时也用遥控。电压的恢复一般借助自动调节发电机励磁和变压器的分接头实现。

一次大面积停电事故后的恢复，需要有一个有次序的协调过程。一般来讲，首先要使系统的频率和电压恢复，消除各元件的过负荷状态，然后才是恢复各解列部分的并列运行和逐个恢复对用户的供电。